盐碱土壤
碳汇减排潜力

YANJIAN TURANG
TANHUI JIANPAI QIANLI

杨文柱　焦 燕◎著

化学工业出版社
·北京·

内容简介

本书针对我国河套灌区盐碱土壤分布广、盐碱程度重的特点，开展盐碱土壤利用价值研究，主要内容包括：盐碱土壤微生物多样性变化、盐碱土壤甲烷氧化菌比活性特征、盐碱土壤 CH_4 吸收潜力、盐碱土壤 CO_2 吸收潜力、盐碱土壤不同剖面无机碳分布等。本书内容关系到盐碱土壤碳汇减排潜力，定量了不同盐碱程度土壤 CH_4、CO_2 累积吸收量，为干旱半干旱地区盐碱土壤碳汇减排潜力估算提供科学依据。

本书可作为高等学校、科研院所教师和从事陆地生态系统碳汇减排研究的科研工作者参考用书。

图书在版编目（CIP）数据

盐碱土壤碳汇减排潜力 / 杨文柱，焦燕著. --北京 ：化学工业出版社，2024.9. -- ISBN 978-7-122-44929-0

Ⅰ. S154.1

中国国家版本馆 CIP 数据核字第 2024HL9991 号

责任编辑：廉　静　李植峰　　　文字编辑：丁海蓉
责任校对：宋　玮　　　装帧设计：王晓宇

出版发行：化学工业出版社
（北京市东城区青年湖南街 13 号　邮政编码 100011）
印　　装：北京科印技术咨询服务有限公司数码印刷分部
710mm×1000mm　1/16　印张 8¼　字数 124 千字
2024 年 11 月北京第 1 版第 1 次印刷

购书咨询：010-64518888　　售后服务：010-64518899
网　　址：http://www.cip.com.cn
凡购买本书，如有缺损质量问题，本社销售中心负责调换。

定　　价：48.00 元

前言

CO_2、CH_4 等温室气体浓度升高引起全球变暖是当今人类社会面临的重大挑战。当前，针对土壤有机碳汇的研究成果较多，然而，针对我国西北干旱半干旱区盐碱土壤无机碳酸盐野外原位观测缺乏，碳库储量尚不明确的问题需要进一步加强研究。

本书以我国中温带大陆性干旱、半干旱气候区内蒙古引黄灌区盐碱土壤-地下水为试验对象。通过多年原位观测和比较研究该区域不同农业生产方式与不同盐碱程度耕地大气-盐碱土壤-土壤 CO_2、CH_4-地下水无机碳地球化学特征，运用稳定同位素、数值模拟和分子生物学等方法，明确不同农业生产方式和不同盐碱程度对大气-盐碱土壤-土壤 CO_2、CH_4-地下水无机碳迁移过程、强度及特征的响应规律，揭示盐碱土壤无机碳汇变化和作用机制，评估不同农业生产方式和不同盐碱程度盐碱土壤无机碳汇潜力，探寻建立有利于提高农业生产效益、土壤固碳和温室气体减排双赢的农业生产体系。全书共 8 章，第 1 章为绪论；第 2 章为内蒙古河套灌区不同盐碱程度的土壤细菌群落多样性；第 3 章为外源盐对不同盐碱程度土壤 CH_4 吸收潜力的影响；第 4 章为外源盐对盐碱土壤无机碳淋溶特征的影响；第 5 章为基于实时荧光定量 PCR 技术对不同盐碱程度土壤甲烷氧化菌比活性的研究；第 6 章为不同含盐量土壤可溶性无机碳及盐基离子的剖面分布特征；第 7 章为外源盐对盐碱土壤 CO_2 吸收的影响；第 8 章为主要结论、创新点和研究展望。本书将为制定我国农田土壤固碳减排环境外交策略提供数据支撑，为寻求不同农业生产方式减缓大气温室效应提供科学依据。

研究过程中，内蒙古自治区环境化学重点实验室陆地生态系统碳氮循环与全球变化研究组教师在实验设计和野外观测中提供技术指导；野外原位观测基地焦吉亮老师在实验地确定和管理上给予帮助；内蒙古师范大学李新硕士、杨铭德硕士、温慧洋硕士、白曙光硕士、谷鹏硕士、杨洁硕士、刘立家硕士、于俊霞硕士、于亚泽硕士、宋春妮硕士、张婧硕士、刘宇斌硕士在野外原位观测和室内实验中提供了帮助，在此一并致以真诚感谢。

本专著编写过程中，难免有疏漏和不足之处，请读者批评指正。

杨文柱

2024 年 3 月

基金资助：国家自然科学基金（42265004）；内蒙古自治区杰出青年基金项目（2022JQ02）；内蒙古自治区高等学校青年科技英才支持计划（NJYT23041）；内蒙古师范大学基本科研业务费专项资金资助（2022JBTD009）；2022 年度内蒙古自治区重点研发和成果转化计划（2022YFHH0035）

目录

第1章

绪论

1.1 问题提出

1.1.1 温室气体引起全球变化问题

CO_2、CH_4 等温室气体浓度升高引起全球变暖是当今人类社会面临的重大挑战。增加土壤碳汇，减少温室气体排放成为缓解气候变化的首要任务（IPCC，2014）。2015 年，《联合国气候变化框架公约》缔约方在巴黎达成新的全球气候协议《巴黎协定》，更加关注各国控制 CO_2、CH_4 变化的努力。我国是世界能源消费和 CO_2 总排放量第一大国，碳减排任务艰巨。《国家中长期科学和技术发展规划纲要（2006—2020 年）》提出重点研究开发“CO_2、CH_4 等温室气体排放控制和固碳工程”，旨在为保护全球气候做出贡献。

1.1.2 土壤碳汇功能对减缓大气 CO_2、CH_4 浓度上升具有较大潜力

土壤是地球表层系统最活跃且最大的碳库之一，全球土壤（在 1m 深度内）有机碳库储量约达 1500Pg，另含有 1550Pg 的无机碳库，约为生物圈和大气圈碳库的 2.5 倍（Lal 等，2004）。土壤收集和固定大气 CO_2、CH_4 的潜力及容量面临着补偿工业温室气体减排的挑战与压力（潘根兴，赵其国和蔡祖聪，2005）。土壤碳迁移转化和不同农业生产方式变化的关系密切，不同农业生产方式土壤养分循环变化和碳汇过程的特征不同（Oelbermanna 等，2007）。Philippe 等（2008）研究结果表明，土壤碳库时空变异性很大，主要受土壤类型和农业生产方式等因素影响。最新估算显示，到 2030 年全球土壤固碳潜力相当于 5500～6000Mt CO_2-eq/a（Smith 等，2008）。因此，寻求促进陆地生态系统碳固定和减少 CO_2 排放的有效措施在全球变化研究中占十分重要的地位。

（1）土壤无机碳在全球碳储存效应中潜力巨大

土壤无机碳库主要指全球干旱、半干旱地区土壤碳酸盐类，由原生性碳酸盐和发生性碳酸盐组成（李贵桐等，2011）。发生性碳酸盐是干旱、半干旱土壤中占优势的土壤成分，在形成过程中可以固存大气 CO_2、CH_4，形成无机碳库，比有机碳库大 2～5 倍，具有减缓温室效应的巨大潜力（杨学明等，

2003)。干旱、半干旱地区占全球陆地表面积的47%，其中大量土壤无机碳在全球碳储存、缓解大气 CO_2 和 CH_4 浓度升高过程中具有重要作用，被认为是全球陆地碳预算的重要组成部分（Evans 等，2014）。我国拥有大面积干旱、半干旱土壤，对全球碳固定和大气 CO_2、CH_4 调节意义重大（Li 等，2007）。

（2）盐碱土壤可能成为重要的无机碳汇场所

干旱、半干旱绿洲盐碱土壤和荒漠盐碱土壤可能成为非常重要的固碳场所（Stong 等，2008；Xie 等，2008）。全球碳通量估算结果表明，人类活动年均向大气排放 CO_2 约 7.1Pg C/a，除被海洋吸收和滞留在大气中外，约 1.8Pg/a（24%）的 CO_2 去向不明（方精云等，2001）。2008 年，*Science* 期刊综合报道了中国新疆碱土和美国莫哈韦盐生沙漠吸收 CO_2 的现象，表明大气 CO_2 丢失的碳库很可能存在于分布广泛的盐碱土壤中（Stong 等，2008）。

全世界盐碱土壤面积约 $9.54\times10^8hm^2$，其中，我国约有 $0.99\times10^8hm^2$，主要分布在西北、东北西部、华北以及长江以北沿海地区（王志春等，2005）。受大水漫灌、灌排比例失调和地下水位上升等因素影响，国内外次生盐碱土壤面积不断扩大，黄河三角洲盐碱土壤面积达到70%以上。据估算，全球盐碱土壤以 $(100\sim150)\times10^4hm^2/a$ 的增长速度扩大。我国盐碱土壤的形成，大部分和土壤碳酸盐累积紧密相关，干旱、半干旱区盐碱土壤高盐分，存在大面积碳酸盐母质及钙积层土，高 pH，有机碳（DOC）含量低，较大的无机碳（DIC）比重等特点显著（王遵亲等，1993），这可能表现出特殊的土壤碳交换过程，对土壤固碳能力的影响也存在差异（Evans 等，2014）。

（3）内蒙古引黄灌区盐碱土壤

内蒙古引黄灌区是我国黄河上中游内蒙古段的冲积平原，干旱少雨，蒸发强烈。北抵阴山山脉，南临库布齐沙漠，东与包头市为邻，西接乌兰布和沙漠。灌区建设始于西汉，引黄灌溉面积 $57.4\times10^4hm^2$，是全国三个特大型灌区之一和亚洲最大的一首制自流灌区，也是国家和内蒙古重要的商品粮油生产基地（白岗栓等，2015）。

内蒙古引黄灌区引黄灌溉量大，较为平坦的地势不利于排水，灌溉管理措施不够完善，地下水位逐年上升，表层土盐渍化严重，盐碱土地面积约占内蒙古盐渍化面积的57.23%（刘沙滨等，2001）。盐碱土壤表层由第四纪沙湖相红棕色黏土组成，表层土最高含盐量可达3.78%（魏俊梅，2001）。灌区农田轻度盐碱土壤面积约为 $28.40\times10^4hm^2$，占引黄灌溉总面积的49.48%；

中度盐碱土壤面积约为 $9.20\times10^4hm^2$，占引黄灌溉总面积的 16.03%；重度盐碱土壤面积约为 $1.79\times10^4hm^2$，占引黄灌溉总面积的 3.14%。土壤理化特性、有机质降解和微生物活动受到土壤过量盐与碱的影响，从而产生渗透胁迫，包括对土壤酶活性和碳氮矿化的影响，进而影响土壤无机碳迁移过程和特征（Xie 等，2008）。

引黄灌区盐碱土壤区地下水受到地面传统大水漫灌、洗盐、压盐和排盐等持续渗积影响，加之排水设施不完善，以及有灌无排的水文条件导致该区域地下水形成含盐碱的咸水层，地下水埋深 1～2m，水体化学组成主要为阴离子 HCO_3^-，总储量 $57\times10^8m^3$（史海滨等，2014）。盐碱土壤地下含盐性或碱性含水层所含无机可溶性碳（DIC）是一个未被发现的可能达到 1000Pg 的潜在巨大碳库，盐碱土壤非生物过程碳汇能力在现代碳循环研究中可能被严重低估（Li 等，2015）。

1.2 盐碱土壤无机碳国内外研究进展

1.2.1 土壤碳库对 CO_2 的吸收

世界各国的研究者对土壤碳库一直进行探索。20 世纪 90 年代研究者们把研究的重点放在土壤有机碳在土壤中的作用上，如土壤的自净功能对污染物有缓冲和降解作用。但是随着全球气候变暖问题越来越严重，一部分研究者们开始关注土壤对碳的固定能力，以及土壤碳循环对全球碳循环和气候变化的影响等。通过研究发现，土壤是地球表面最大的碳库，全球土壤碳库贮存量为 2.2×10^3～3×10^3Pg，这是植被碳库储量的 2～3 倍，是全球大气碳库储量的 2 倍（Post 等，1992；Tian 等，2010）。土壤在地球表面分布广泛，是陆地生态系统中碳重要的“源”和“汇”。土壤碳库如果发生小幅度的变化就可能导致全球碳平衡发生改变，使得全球气候发生变化，进而会对陆地生态系统的分布、组成、结构和功能产生深刻影响（Tian 等，2010）。近年来，国内外研究者的工作重心在土壤碳库构成及其转化方面。土壤碳库构成研究是探知土壤对碳的固定能力和土壤碳库变化内部机制的重要环节，也是进一步探讨土壤有机碳影响土壤质量的内在机理的重要途径。一般认为，土壤碳库由土壤有机碳库和无机碳库两部分组成。土壤无机碳库通过影响土壤 pH、微生物活性、土壤团聚体的状况、有机质的分解速率等进而影响土壤有机碳库（Xu等，2009）；土壤有机碳库分解释放CO_2，CO_2进入土壤溶液中转化为无机碳（Pan，1999a）。土壤有机碳是非常复杂的连续混合物，有机碳组分和形式繁多，各类不同组分和形式的有机碳其性质也不尽相同。有机碳在土壤碳库中的含量影响土壤碳的转化，进而影响土壤质量变化及陆地生态系统碳循环。

近年来，大量的学者将工作重心转到土壤无机碳的研究中，土壤无机碳库也是土壤碳库的重要组成部分。在全球干旱、半干旱地区土壤中以碳酸盐的形式存在的碳为无机碳，土壤无机碳库由原生性碳酸盐和次生性碳酸盐组成（Yang等，2007；Loginow等，1987）。次生性碳酸盐在形成过程中可以吸收大气中的CO_2，并且将碳固存在碳酸盐中，因此具有减缓温室效应的巨大潜力（Blair等，1995）。在干旱土壤中碳的存在形式主要为无机碳，大量学者研究认为在干旱地区的土壤中无机碳含量可达有机碳含量的5倍，全球约有40%的干旱土地，而我国西北干旱区土壤中无机碳含量相当于全球的1/20～1/15（Yang等，2007；Pan，1999a；Pan，1999b）。土壤无机碳含量的改变受气候变化与人类活动的影响，它参与碳循环，进而对全球温室效应产生重要的影响，因此土壤无机碳库研究对于全球气候变化及碳循环研究来说是必不可少的（Schuman等，2002；Wu等，2009）。

1.2.2 盐碱土壤吸收CO_2的现象

盐碱土在地球上分布很广，全球大约$9.55\times10^8hm^2$，干旱和半干旱地区是主要分布地，非洲、欧亚大陆和美洲西部分布最广，地理和气候因素与盐碱土的分布密切相关。澳大利亚、前苏联和中国是盐碱土面积最大的三个国家，就我国而言，盐碱土资源丰富且种类多样。我国各类盐碱土面积约为$9913\times10^4hm^2$，其中耕地盐碱土面积达到$920.94\times10^4hm^2$，占全国耕地面积的6.62%。

近年来有一些研究发现盐碱土能够吸收CO_2，这个发现可能为寻找“碳失汇”的问题找到了新的方向。盐碱土吸收CO_2的现象对全球碳收支核算和解决“碳失汇”问题很重要（Stone，2008；Xie等，2009；Yates等，2013）。通过这些研究可以看出盐碱土能够吸收CO_2就说明了其具有成为碳汇的可能性，所以有很多研究针对盐碱土壤能否作为碳汇展开。研究的重点是盐碱土吸收CO_2后碳的去向，这也是揭示碳汇是否存在的关键问题。

荒漠地区土壤 CO_2 源汇问题的关键在于探寻被吸收的碳的最终去向。基于 ^{13}C 同位素示踪技术，Fa 等（2018）在毛乌素沙地研究发现，在排除生物因素的影响后，夜间盐碱土吸收的 CO_2 被大量转化为液相中的可溶性无机碳(dissolved inorganic carbon，DIC)。对于这一研究，有人对 CO_2 是否真的转换为 DIC 提出了质疑。为了证明这些是土壤从大气中吸收的 CO_2 形成的 DIC，有一些研究者采用 ^{14}C 同位素测年的方法给出了答案，土壤新形成的 DIC 为现代碳，而土壤中碳酸盐的年龄高达一万年，二者不可能同源。更有甚者土壤中的 DIC 比有机碳还年轻，说明 DIC 只能直接或间接（根系呼吸）地源于大气（Li 等，2015)。因此，盐碱土吸收 CO_2 转换成的 DIC 形成了真正意义上的现代碳汇，而不是简单的无机碳迁移。

现在许多试验针对盐碱土吸收 CO_2 转化成 DIC 的影响因素进行研究。土壤吸收 CO_2 与盐度和碱度呈正相关，碱度对土壤吸收 CO_2 的影响更大，同一碱度下，土壤吸收 CO_2 由盐度决定，不同盐碱度的情况下，碱度是主要影响因素（Wang 等，2019)。CO_2 在盐碱水中的溶解度远高于在纯水或酸性水中的溶解度，CO_2 在盐碱水中的溶解度随电导率呈线性增加，随土壤碱度呈指数增加（王忠媛等，2013)。通过以上试验内容的分析可以看出土壤 pH 对土壤吸收 CO_2 的影响占主导作用，并且在同一温度下土壤 pH 对土壤无机碳通量有调节作用，电导率对无机碳通量有贡献，但其贡献相对较小。所以土壤 pH 是研究土壤吸收 CO_2 的关键因素，目前大部分研究都集中在关于 pH 和电导率的单因素研究上，关于 pH 和电导率的交互作用对盐碱土壤吸收 CO_2 的影响的研究还很少。盐碱土壤本身就存在着 pH 和电导率的交互作用，单因素的分析只能说明局部性的问题，为了使试验的结论更具有普遍性，能更全面地代表盐碱土壤，必须要针对二者的交互作用展开研究。

1.2.3 盐碱土壤中无机碳迁移转化过程

目前盐碱土对无机碳的固碳作用可能有三种机制：a. 碳酸盐体系的溶解/沉淀过程；b. 大气 CO_2 的淋溶/吸收过程；c. 井下通风过程（Wang 等，2019)。盐碱土的固碳机制还在研究中，大部分研究对盐碱土的固碳机制还尚不清楚。当前随着科学技术水平的日益提高，同位素示踪技术也越来越成熟，很多研究者开始利用同位素对土壤碳的来源和各土层碳的含量进行研究。

广义的土壤无机碳包括固、液、气三相。气相是 CO_2，来源于土壤呼吸

产生的 CO_2 以及土壤中的大气；液相包括 CO_2、H_2CO_3、HCO_3^- 以及 CO_3^{2-}，来源于 CO_2 与水反应生成的富含 H_2CO_3 和 HCO_3^- 的溶液；固相主要是碳酸盐，来源于岩生性碳酸盐和发生性碳酸盐。岩生性碳酸盐又称原生或继承性碳酸盐，指来源于土壤母质或母岩，未经风化成土作用而保存下来的碳酸盐；发生性碳酸盐又称次生或自生性碳酸盐，是指在风化成土过程中形成的碳酸盐，多发生在干旱土壤中（于天仁和陈志诚，1990；潘根兴，1999；杨黎芳和李贵桐，2011）。

土壤无机碳稳定同位素主要由土壤 CO_2 的 $\delta^{13}C$ 值所决定，而土壤 CO_2 主要来自土壤呼吸、土壤有机质分解及地面大气 CO_2 交换（潘根兴等 2000；杨藜芳等，2006；Rovira 和 Vallejo，2008；AMundson 等，1998）。土壤无机碳（soil inorganic carbon，SIC）来源中岩生性碳酸盐越占优势，$\delta^{13}C$ 值越接近 0；SIC 来源中发生性碳酸盐越占优势，$\delta^{13}C$ 值越趋于负值（Krull 和 Bray，2005）。王娜等人在准噶尔盆地南缘荒漠区进行研究，结果表明，表层（0～20cm）土壤中荒漠边缘的 SIC 的 $\delta^{13}C$ 值更接近 0，说明无机碳组成中岩生性碳酸盐占优势，深层土壤发生性碳酸盐占优势；荒漠腹地中表层缺少植被覆盖，土壤有机碳含量较少，成土过程缓慢，岩生性碳酸盐较多地残存于深层土壤中，因此表层 SIC 的 $\delta^{13}C$ 值趋于负值，说明无机碳组成中发生性碳酸盐占优势，深层土壤中岩生性碳酸盐占优势（张林等，2011）。因此，研究中利用碳同位素值的不同，可以大概确定碳的来源，证明盐碱土能够吸收大气中的 CO_2，但是这也有一定的缺陷，即不能持续地观察碳具体的去向，我们要弄清楚盐碱土吸收 CO_2 的机制以及碳的去向，还需要更多的研究方法。

土壤 CO_2 主要来自植物根部呼吸、有机质分解、微生物呼吸以及大气 CO_2（张林等，2011）。前 3 种作用生成的 CO_2 同源，其 $\delta^{13}C$ 值基本一致。现代大气 CO_2 的 $\delta^{13}C$ 值约为 −8‰，纯大气碳源形成的发生性碳酸盐 $\delta^{13}C$ 值较高，约为 2‰～4‰（杨黎芳等，2006）。土壤表层接近大气层，大气 CO_2 混入作用增大，土壤 CO_2 的 $\delta^{13}C$ 值增大，土壤发生性碳酸盐在形成和重结晶过程中能够固存土壤 CO_2，可能也含有部分大气源 CO_2（崔丽峰等，2013），因此大气和土壤 CO_2 近地面交换导致土壤碳酸盐的 ^{13}C 富集。

张林等人研究荒漠草原地区，在 1m 深度范围内，随着土层深度增加土壤碳酸盐含量也随之增大，一直到 80cm 左右碳酸盐含量达到最大，其含量的变化范围为 16.50～274.3g/kg。土壤碳酸盐 $\delta^{13}C$ 值的变化规律为：随深度增加，$\delta^{13}C$ 值逐渐降低，在 20～30cm 处相对最低，为－8.7‰；而后，随着土层的进一步加深，土壤碳酸盐的 $\delta^{13}C$ 值又逐渐增大（张林等，2011）。其他人针对不同土壤深度的研究发现，0～100cm、100～300cm、300cm 以下，整个土壤剖面上，相同层次的农田和荒地的无机碳储量所占的比例相同，分别为 10%、35%、55%（王玉刚等，2013；雒琼等，2017）。通过这些研究可以看出，土壤吸收大气中的 CO_2 后主要在土壤表层富集，深层土壤中的无机碳由原生性碳酸盐构成，土壤吸收的 CO_2 能否长期固存在土壤中或者是否有一部分碳深层转移后固存仍然需要进一步研究。

盐碱土壤虽然能吸收大气 CO_2，但目前所了解的土壤吸收大气 CO_2 现象、碳同位素示踪研究等，都只是碳固存过程的部分环节，碳被土壤吸收转化为可溶性无机碳（dissolved inorganic carbon，DIC）的过程、碳的固存转化过程所涉及的机制以及被吸收的碳的最终去向仍不确定。通过大量的研究发现碳可能有三种去向。

第一种是科研人员在毛乌素沙地利用同位素示踪技术研究发现，土壤在吸收 $^{13}CO_2$ 后，通过观测，被吸收的 ^{13}C 可能以碳酸盐的形式在土壤固相中富集，并形成碳汇（Liu 等，2015）。固定的无机碳以 CO_2、HCO_3^-、CO_3^{2-} 及碳酸盐形式存在于土壤中，碳酸盐是土壤无机碳库的主要存在形式，其具体表现形式为 $CaCO_3$ 和 $CaMg(CO_3)_2$。通过进一步研究土壤吸收 CO_2 后的过程发现，土壤吸收大气中的 CO_2 后将其转化为可溶性无机碳（DIC），之后 DIC 通过与盐碱土中的钙镁离子结合形成碳酸盐沉淀，最终以碳酸盐的形式将碳固定在土壤中形成碳汇。目前对各种类型盐碱土壤不同深度无机碳库储量的了解还知之甚少。研究不同类型盐碱地土壤无机碳的形成机制对降低大气 CO_2 浓度具有重要的现实意义（李德文等，2015）。

第二种是目前已发现一些微生物可将 DIC 转化为 CH_4（Kohl 等，2016）。虽然这些微生物多分布在热泉、沼泽等地区（Kelley 等 2005；Schrenk 等，2013），尚不清楚在盐碱土壤中是否也存在该类微生物，但研究者对毛乌素沙地土壤微生物的基因分析发现，这些基因中存在生成甲烷的基因，表明可能存在某些微生物具有产甲烷的潜力（数据尚未发表），因此，盐碱土壤是具备该种碳转化可能性的。然而，现在还没有相关的研究数据能够证明盐碱土中有产甲烷菌将土壤中的 DIC 转化为 CH_4，所以该方面的研究亟待深入开展。针对 DIC 转化为 CH_4 的研究比较少，重点都集中在 DIC 转化为碳酸盐方面，可以在以后的研究中针对土壤中是否存在产甲烷菌进行试验。

目前土壤中有大量的DIC不知去向，所以DIC转化为CH_4很有可能是导致“碳失汇”的原因之一。

第三种是土壤吸收CO_2转化为DIC后，随着降水或者灌溉水进入地下水体中。Li等（2015）在塔里木盆地，通过使用^{14}C同位素示踪技术发现，灌溉后短期内在地下水体中出现大量被吸收的碳，表明荒漠土壤液相中新形成的DIC在有大量水分注入时，很可能会纵向快速运移至地下水体中。Li等（2017）在石羊湖展开研究发现，由于强烈蒸发，DIC在上游渗入地下水中，在终端区地下水中析出。降水或灌溉将盐分从土壤中带出，并向下移动进入整个盆地的盐碱含水层，这种含有大量溶解二氧化碳的盐碱水由于强烈蒸发而在终端区域富集和沉淀（Li等，2017）。由于研究所在流域为闭合流域，地下水体无出口，所以这部分碳被封存在地下水体中，形成碳汇。这些研究表明处于内陆的干旱、半干旱地区由于不与海洋连通，以DIC形式进入地下水中的碳能够被固定下来，在地下水中形成碳汇。

1.3 研究的问题

目前针对地下水中DIC储存方式的研究较少，如果DIC在地下水中能转化为碳酸盐沉淀，则表明碳在地下水中被固存，这也就意味着形成了真正意义上的碳汇。所以在接下来研究地下水无机碳汇时，应该试图针对DIC的转化展开研究，形成一个碳在进入地下水后完整的循环过程。

近年来，针对土壤无机碳的研究逐渐增多，土壤无机碳库是干旱、半干旱地区土壤碳库的主要形式，一般比土壤有机碳库大2～5倍。有学者估算，全球土壤无机碳库为700～1000Pg（Jose等，2003；Bhattacha等，2001；Pan等，1999b）。土壤碳储库日益受到关注，且有许多研究试图阐明土壤对全球碳循环的影响。尽管已对土壤有机碳库在全球碳循环中的作用进行深入研究，但对土壤无机碳尤其是呈土壤发生性次生碳酸盐形式存在的无机碳的研究相对较少，目前对无机碳在陆地碳循环过程中的意义及其在地球表层系统碳截存中的作用还不是很了解（Yang等，2007）。

尤其是在盐碱土方面，土壤从大气中吸收CO_2后，盐度和碱度的交互作用对土壤固碳能力的影响，以及土壤在吸收CO_2后碳的最终去向仍不是很明确。所以在以后的研究中希望可以利用同位素示踪的方法或者其他研究方法，将碳从空气进入土壤再到地下水整个循环过程的机制弄清楚，找到碳的去向。这将为解决全球碳失汇的问题提供一些新的方向，进一步探索追踪被土壤吸收的 CO_2 在土壤和地下水中的足迹，是厘清盐碱地区土壤碳汇问题的关键。

1.4 研究意义

本研究拟以我国中温带大陆性干旱、半干旱气候区内蒙古引黄灌区盐碱土壤-地下水为试验对象。通过多年原位观测和比较研究该区域不同农业生产方式与不同盐碱程度耕地大气-盐碱土壤-土壤 CO_2-地下水无机碳地球化学特征，运用稳定同位素、数值模拟和分子生物学等方法，明确不同农业生产方式和不同盐碱程度对大气-盐碱土壤-土壤 CO_2-地下水无机碳迁移过程、强度与特征的响应规律；综合不同盐碱程度土壤因素（理化特性）、地下水因素（水文和化学特征）、生物因素、气候因素和微生物因素等阐明盐碱土壤与地下水无机碳转移关键驱动因子；揭示盐碱土壤-地下水无机碳汇变化和作用机制，评估不同农业生产方式和不同盐碱程度盐碱土壤与地下水无机碳汇潜力，探寻建立有利于提高农业生产效益、土壤固碳和温室气体减排双赢的农业生产体系。研究结果将为制定我国农田土壤固碳减排环境外交策略提供数据支撑，为寻求不同农业生产方式减缓大气温室效应提供科学依据。

1.5 研究内容

（1）不同盐碱程度土壤发生性碳酸盐碳和土壤 CO_2 通量原位观测

选择引黄灌区重度盐碱土壤、中度盐碱土壤和轻度盐碱土壤作为研究对象，连续 3 年大田原位观测土壤发生性碳酸盐碳、土壤 CO_2 通量，揭示不同盐碱程度土壤无机碳迁移转化过程和特征，明确引黄灌区不同盐碱程度对土壤无机碳汇能力、碳汇强度的影响规律。

（2）不同盐碱程度土壤渗透水运移和无机碳汇过程变化特征原位观测

利用吸压式提取土壤溶液法连续 3 年大田原位观测和比较不同盐碱程度土壤在氮肥施用量大、黄河水漫灌洗盐生产模式的条件下，土壤渗透水的溶解性碳动态变化过程、特征和强度，应用 $\delta^{13}C_{DIC}$ 和 $\delta^{13}C_{DOC}$ 在渗透水中的运移规律，明确引黄灌区不同盐碱程度土壤溶解性无机碳运移机理。

（3）盐碱土壤地下水的水文地球化学季节性变化观测

选择引黄灌区盐碱土壤地下水为研究对象，应用稳定同位素示踪和室内机制实验，分析引黄灌区不同盐碱化土壤耕作区观测井地下水的水文和水化学指标（阴离子、阳离子、碳酸盐饱和指数、溶解分压等）的特征差异，鉴别不同盐碱程度盐碱土壤地下水化学控制因素、水循环特征和物源特征，比较盐碱土壤地下水溶解无机碳（DIC）和溶解有机碳（DOC）的时空变化特征，利用 $\delta^{13}C_{DIC}$ 和 $\delta^{13}C_{DOC}$ 确定地下水组成及其演化特征，解释盐碱土壤地下水溶解无机碳季节变化差异成因，阐明盐碱土壤无机碳和地下水碳汇的作用规律。

（4）不同盐碱程度土壤-地下水无机碳动态变化差异驱动关键驱动因子

综合土壤理化因素［如土壤碳酸盐、水分、电导率、温度、土壤 pH、土壤水溶性有机碳含量、微生物碳、土壤有机碳（SOC）含量、土壤质地等］、地下水因素（水文和化学特征）、水肥管理、生物因素（生物量等）、气候因素（降水、温度、日照、湿度）和微生物因素等的测试与分析，确定盐碱土壤-地下水无机碳同土壤理化特性、水文和水化学指标、盐碱程度、碳氮管理、田间小气候和生物量的数量关系，揭示土壤-地下水功能变化特征，阐明盐碱土壤-地下水无机碳时空变异的可能驱动机制。

（5）大气-盐碱土壤-土壤 CO_2-地下水无机碳迁移转化特征和无机碳汇能力评估

通过大田观测、数值模拟、同位素示踪和培养实验相结合的方法，深入分析不同盐碱程度耕地大气-盐碱土壤-土壤 CO_2-地下水无机碳的生物地球化学行为特征和地下水碳汇强度的关联作用，结合盐碱土壤和地下水稳定碳同位素组成，通过碳循环过程，分析大气、盐碱土壤、土壤 CO_2、碳酸盐岩、有机质降解、生物呼吸分别对土壤、大气和水循环产生的无机碳汇的贡献量，揭示盐碱土壤-地下水无机碳汇作用过程的关键影响因子，阐明不同农业生产方式和不同盐碱程度影响盐碱土壤-地下水无机碳迁移、转化与储存的驱动机理，评估不同农业生产方式和不同盐碱程度盐碱土壤-地下水增汇减排潜力。

1.6 研究目标

本研究以引黄灌区盐碱土壤-地下水为研究对象，针对不同农业生产方式和不同盐碱程度盐碱土壤-地下水，通过大田原位观测、数值模拟、同位素示踪和室内机制实验，比较引黄灌区不同农业生产方式和不同盐碱程度土壤耕地大气-盐碱土壤-土壤 CO_2-地下水无机碳时空变化过程、强度和特征，阐明大气-盐碱土壤-土壤 CO_2-地下水的多个界面无机碳迁移转换动态发生机制和碳转化参数、地下水因素、土壤因素、不同水肥管理、生物因素、盐碱程度、气候因素和微生物因素的关系，揭示盐碱土壤-地下水无机碳来源和无机碳汇强度，评估不同农业生产方式和不同盐碱程度盐碱土壤-地下水增汇减排潜力，以单位产量温室效应为评价参数，寻求利于实现 CO_2 减排、盐碱土壤-地下水增汇和农业可持续三赢的农业生产体系。

1.7 技术路线

本研究技术路线见图 1-1。

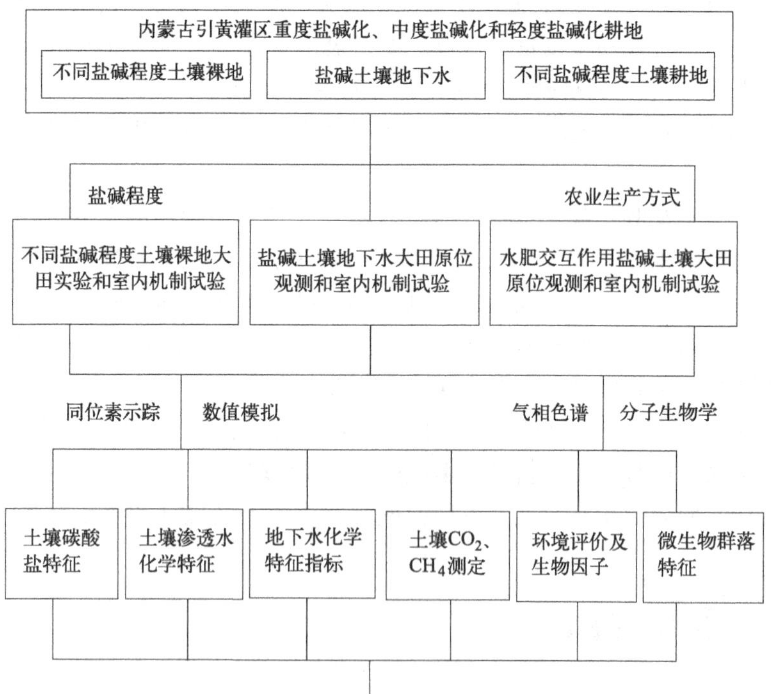

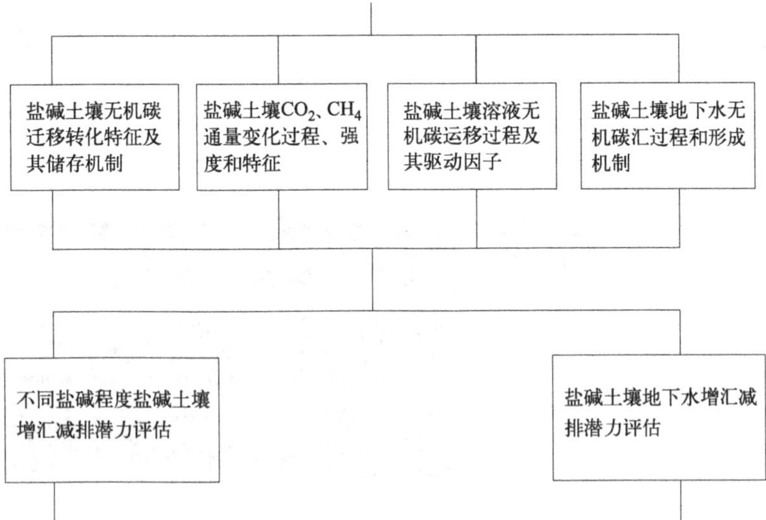
盐碱土壤无机碳迁移转化特征及其储存机制
盐碱土壤CO_2、CH_4通量变化过程、强度和特征
盐碱土壤溶液无机碳运移过程及其驱动因子
盐碱土壤地下水无机碳汇过程和形成机制
不同盐碱程度盐碱土壤增汇减排潜力评估
盐碱土壤地下水增汇减排潜力评估

图 1-1　本研究技术路线

第2章

内蒙古河套灌区不同盐碱程度的土壤细菌群落多样性

2.1 引言

土壤微生物是土壤有机组分和生态系统中最活跃的部分，在促进土壤质量和植物健康方面发挥着重要的作用，被认为是最敏感的土壤质量生物学指标（Niemi 等，2001；Brock，1987）。土壤微生物多样性指土壤生态系统中所有的微生物种类、它们拥有的基因以及这些微生物与环境之间相互作用的多样化程度。一般认为，土壤微生物多样性存在于基因、物种、种群以及群落等 4 个层面，是土壤生态系统的一个基本生命特征，也是时间和空间的函数（周德庆，1993；黄昌勇，2000）。国内外对农田、森林、草原的土壤微生物研究较多，但对盐碱土壤的研究多局限于理化特性的测定分析，国内针对盐碱土壤的微生物研究也仅限于天津滨海区域、江苏滨海盐碱地、松嫩平原、新疆等地，康贻军等（2007）研究滩涂盐碱土壤微生物生态特征，曹国栋等（2012）对扇缘带盐碱土上生长的三种植被类型下的土壤微生物类群数量进行了研究。至今对内蒙古河套灌区盐碱土壤中的微生物研究数量、种群结构、优势菌系以及盐害与土壤微生物活动之间的生态关系等的相关报道较少，而土壤盐碱化已严重制约着河套灌区的农业生产，同时对本地区的粮食安全构成了严重威胁（李凤霞等，2011；刘鑫等，2011）。河套灌区盐碱地面积约 646 万亩（1 亩≈667m^2），巴彦淖尔市占 358.21 万亩，其土壤盐渍化（即盐碱化）面积与比例如下：轻度盐化面积 189.24 万亩，占 52.83％；中度盐化面积 114.4 万亩，占 31.94％；重度盐化面积 54.57 万亩，占 15.23％（侯玉明等，2011）。

土壤中最活跃的生物因子是土壤细菌，它既是土壤微生物的重要组成部分，占土壤微生物总数的 70％～90％，也是土壤物质流和能量流的主要推动者，可以直接反映土壤肥力，已被公认为是土壤生态系统变化的预警及敏感指标（Constancias 等，2013；Sugden，2000；张薇等，2005；Mann 和 Tolbert，2000；Walter 等，1997），在土壤养分循环中起着至关重要的作用。由于从环境样品中分离和培养细菌较困难，不经分离培养步骤，直接从土壤中抽提总 DNA（脱氧核糖核酸）并分析其基因片段的分子生物学方法已发展用来描述和鉴定微生物群落。近年来基于 DNA 方法的群落分析如 PCR（聚合酶链式反应）扩增技术、克隆文库法、荧光原位杂交法、限制性酶切片段长度多态性法、变性和温度梯度凝胶电泳法等得到了迅速的发展（马悦欣等，

2003)。其中变性梯度凝胶电泳（denaturing gradient gel electrophoresis，DGGE）技术由于有结果精确、可靠性强、重现率高等优点，已广泛应用于不同生态环境中微生物群落组成、多样性及种群动态变化的研究中（李丹和王秋玉，2011)。如谢学辉等（2008）借助 DGGE 技术研究了重金属污染物对土壤微生物多样性的影响；章振亚等（2012）利用 DGGE 分析方法研究了湿地土壤微生物多样性；Smalla 等（2001）采用 DGGE 技术对不同植被根际微生物进行了微生物多样性分析。本章采用 DGGE 技术，对内蒙古河套灌区不同盐碱程度不同深度土壤中细菌的群落结构和多样性差异进行分析，探讨土壤理化特性和盐碱化土壤微生物的相互作用机制，对于盐碱地的综合利用与开发具有重要的实践指导意义。

2.2 材料与方法

2.2.1 研究区概况

供试土壤采于内蒙古巴彦淖尔市乌拉特前旗，地处黄河北岸，河套平原东端，该地属温带大陆性气候，冬寒而长，夏热而短，干旱少雨，春季风沙较大，极端最高气温为 39.7℃，最低气温为－30.7℃，年平均气温 7.7℃。年平均日照 3212.5h，无霜期 167 天。降水集中于 7～9 月，年平均降水量 213.5mm，最大降水量在 8 月，极端日降水量达 109.6mm。

2.2.2 样品采集

为避免地形等因素影响，研究样区选择平坦地形并按照邻近原则布置。试验于 2014 年 5 月未种植作物时（前茬季节作物葵花）选取三种不同盐碱程度的盐碱土壤，分别设置为样地 S_1、S_2 和 S_3，每个样地面积为 10m×10m，各样地采样点设置采用 S 形布点法，应用土钻分层采集距离地表 0～20cm 和 20～30cm 的土壤样品，每个样方采集 10 个样点。各采样点重复取样 3 次，并将 3 次所得土壤样品充分混匀，将可见的植物残体（如根、茎和叶）和土壤动物去除，装于无菌聚乙烯自封袋中。一份风干磨碎过 2mm 筛，用于测定土壤理化特性；另一份迅速运回实验室，然后将部分土样分装于若干无菌离心管中，于－80℃下保存。试验土壤样地基本情况见表 2-1。

表 2-1　试验土壤样地基本情况

土壤类型	地理位置	土壤温度/℃	土壤质地颗粒含量/%			
			0～20cm		20～30cm	
			砂粒	黏粒	砂粒	黏粒
S_1	40°50.263′N,108°39.720′E	17.6	63.3	31.97	74.63	25.27
S_2	40°50.248′N,108°39.719′E	15.9	56.165	26.25	71.47	22.87
S_3	40°50.186′N,108°39.807′E	16.1	51.07	20.335	53.43	18.87

2.2.3　土壤盐碱程度分析

内蒙古河套灌区地处干旱、半干旱区，本研究三种土壤的含盐总量依次为 S_1(1.69%)>S_2(0.83%)>S_3(0.12%)，S_1、S_2 和 S_3 都是 SO_4^{2-} 和 Cl^- 含量最多，见表 2-2，结合土壤盐化分级标准（表 2-3）可知，S_1 为盐土，S_2 为强度盐化土壤，S_3 为轻度盐化土壤。

表 2-2　不同土壤盐分含量　　单位：%

土壤类型	K^+	Na^+	Ca^{2+}	Mg^{2+}	SO_4^{2-}	CO_3^{2-}	HCO_3^-	Cl^-	总量
S_1	0.015	0.4	0.073	0.054	0.74	0	0.051	0.36	1.69
S_2	0.0058	0.12	0.083	0.045	0.39	0	0.048	0.14	0.83
S_3	0.0016	0.0088	0.014	0.0056	0.013	0	0.064	0.01	0.12

表 2-3　土壤盐化分级标准（王遵亲等，1993）

盐分系类及适用地区	土壤含盐量/%					盐渍类型
	非盐化	轻度	中度	强度	盐土	
滨海、半湿润、半干旱、干旱区	<0.1	0.1～0.2	0.2～0.4	0.4～0.6 (1.0)	>0.6 (1.0)	$HCO_3^-+CO_3^{2-}$、Cl^-、Cl^--SO_4^{2-}、SO_4^{2-}-Cl^-
半漠境及漠境区	<0.2	0.2～0.3 (0.4)	0.3～0.5 (0.6)	0.5(0.6)～1.0 (2.0)	1.10(2.0)	SO_4^{2-}、Cl^--SO_4^{2-}、SO_4^{2-}-Cl^-

2.2.4　样品分析

(1) 样品理化性质测定

pH 以 1∶2.5 土水比用复合电极测定；电导率（EC）以 1∶5 土水比用复合电极测定；土壤容重（ρ_b）的测定用环刀法；土壤质地用比重计速测法测定；土壤有机碳（SOC）用重铬酸钾容量法-外加热法测定；土壤全磷（TP）用 $HClO_4$-H_2SO_4 测定。土壤盐分：碳酸根、重碳酸根离子测定用电位滴定法；氯离子测定用硝酸银滴定法；硫酸根离子测定用 EDTA（乙二胺四乙酸）容量法；钙、镁离子测定用 EDTA 容量法；钾、钠离子测定用火焰光度法。理化性质具体测定方法参照《土壤农化分析》(第三版)(鲍士旦，2000)。

(2) 细菌 16S rDNA 片段的 PCR 扩增

以样品基因组 DNA 为模板，采用细菌通用引物、338F、GC-338F 和 518R 扩增样品 16S rDNA 高变区序列，见表 2-4。

表 2-4 引物信息

引物	序列
338F	CCT ACG GGA GGC AGC AG
518R	ATT ACC GCG GCT GCT GG
GC338F	CGCCCGGGGCGCGCCCCGGGCGGGGCGGGGGCGCGGGGG CCT ACG GGA GGC AGC AG

PCR 扩增体系 (50μL) 为：10× PCR 缓冲液 5μL；dNTP (2.5mmol/L) 3.2μL；rTaq (5U/μL) 0.4μL；GC-338F (20μmol/L) 1μL；518R (20μmol/L) 1μL；模板 DNA 50ng；补 ddH_2O 至 50μL。PCR 扩增程序为：94℃预变性 5min；94℃变性 1min，55℃复性 45s，72℃延伸 1min，30 个循环；72℃延伸 10min。PCR 产物采用 OMEGA 公司 DNA Gel Extraction Kit 纯化回收。PCR 仪为 Biometra 公司生产的 T-gradient，凝胶成像仪为 Bio-Rad 公司的 Gel-Doc2000 凝胶成像系统。

(3) PCR 产物的变性梯度凝胶电泳 (DGGE) 分析

取 10μL PCR 的产物进行变性梯度凝胶电泳 (DGGE) 分析。采用变性梯度为 35%～55%、浓度为 8%的聚丙烯酰胺凝胶 [化学变性剂为 100%尿素 7mol/L 和 40% (体积分数) 的丙烯酰胺] 在 1×TAE 缓冲液中于 150V、60℃下电泳 5h。

变性梯度凝胶电泳 (DGGE) 完毕后，采用银染法染色，步骤如下：首先，用固定液 (乙醇 50mL、冰醋酸 2.5mL，定容至 500mL) 固定 15min，用 Milli-Q 纯水清洗，固定后 20s 和 2min 时各一次；其次，用银染液 (硝酸银 1g、37%甲醛 0.75mL，定容至 500mL) 染色 15min，用 Milli-Q 纯水清洗，染色后 20s 和 2min 时各一次；再次，用显色液 (氢氧化钠 7.5g、37%甲醛 2.5mL，定容至 500mL) 显色 5～7min；最后，用终止液 (乙醇 50mL、冰醋酸 2.5mL，定容至 500mL) 终止反应。

(4) DGGE 图谱中优势条带的回收与测序

用灭菌的手术刀切下待回收 DGGE 条带，采用 OMEGA 公司 Poly-Gel DNA Extraction Kit 回收目的条带。以 2μL 回收产物为模板，以 338F/518R 为引物进行 PCR 扩增。PCR 扩增体系 (50μL) 为：10×PCR 缓冲液 5μL；dNTP (2.5mmol/

L）3.2μL；rTaq（5U/μL）0.4μL；338F（20mmol/L）1μL；518R（20mmol/L）1μL；模板 DNA 1μL；补 ddH_2O 至 50μL。PCR 扩增程序为：94℃预变性 4min；94℃变性 30s，55℃复性 30s，72℃延伸 30s，30 个循环；72℃延伸 10min。将重新扩增的 DNA 片段切胶回收、纯化后，连接到 Pmd18-T 载体上，并转化至 DH5α 感受态细胞中，筛选阳性克隆，进行序列测定。

2.2.5 数据分析方法

采用 SPSS 22.0 统计软件进行方差分析。细菌多样性指数是研究群落物种数和个体数以及均匀度的综合指标。根据电泳图谱中样品条带数目及每个条带的强度（灰度），对各样品中细菌多样性指数（Shannon-Wiener，H）、均匀度（Evenness，E）和丰富度（Richness，S）等指标进行分析。DGGE 图谱采用 Quantity one 软件对每个样品的电泳条带数目、条带密度进行数字化分析，多样性指数（H）、丰富度指数（S）和均匀度指数（E）等指标被用来比较不同样品的多样性情况。其算法如下所示：

$$H' = -\sum_{i=1}^{S}(p_i \ln p_i) = -\sum_{i=1}^{S}[(N_i/N)\ln(N_i/N)] \tag{2-1}$$

$$E = H/H_{max} = H/\ln S$$

其中，p_i 为样品中单一条带的强度在该样品所有条带总强度中所占的比率；N 为 DGGE 图谱单一泳道上所有条带的丰富度；N_i 为第 i 条带的丰富度；S 为某样品中所有条带数目总和，即丰富度指数；H_{max} 为最大多样性指数。

测序结果采用 DNAstar 和 Cluster 软件进行序列分析，下载最相似的菌株序列作为系统发育树的参考序列。然后采用 MEGA 软件，通过 Neighbor-joining 法构建系统发育树，自展数（bootstrap）为 1000。利用 Canoco for Windows 4.5 软件进行细菌群落和理化因子的冗余分析（RDA）。

2.3 结果与分析

2.3.1 不同盐碱程度不同深度土壤细菌群落多样性分析

（1）不同盐碱程度不同深度土壤细菌群落 DGGE 图谱

经凝胶电泳检测，能提取较高质量的，土壤样品的细菌基因组 DNA 见

图 2-1（a）。以 GC-338F 和 518R 为引物扩增 16S rDNA 序列，得到约 200bp 的 DNA 片段，见图 2-1（b），用于 DGGE 分析。

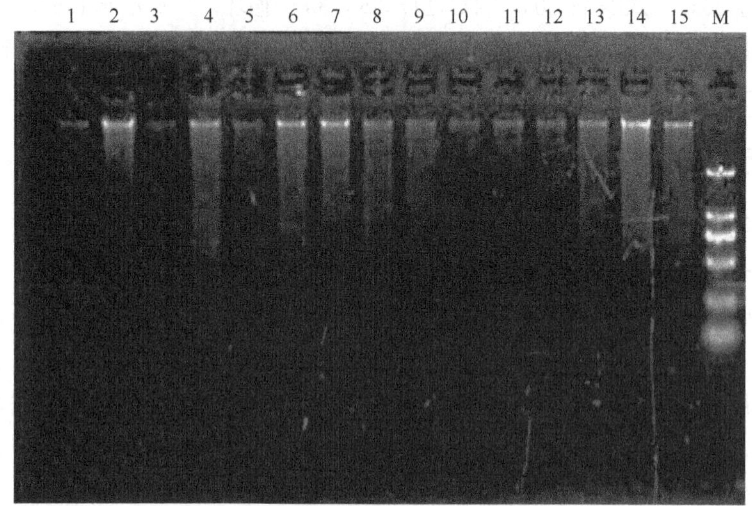

(a) 土壤细菌基因组DNA提取图谱

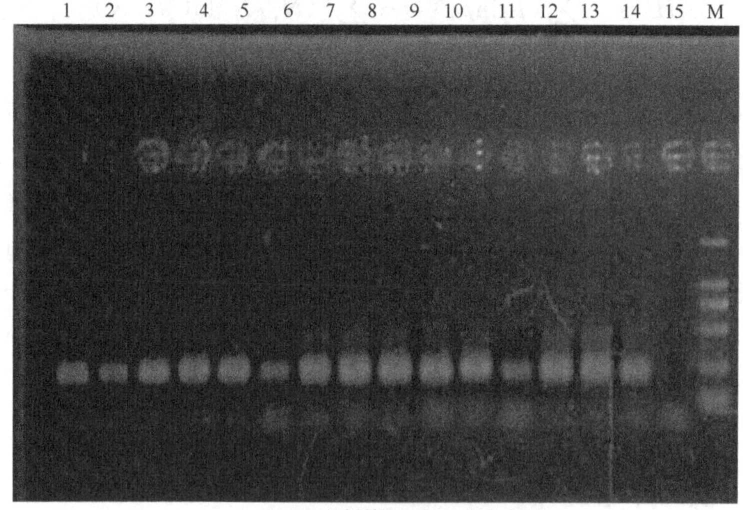

(b) PCR扩增的16SrDNA部分序列

图 2-1 土壤细菌基因组 DNA 提取和 PCR 扩增的 16S rDNA 部分序列聚丙烯酰胺凝胶电泳图

注：M 为标记物；1～3 为 S_1 样地 0～20cm 深度土壤的 3 个平行样；4～6 为 S_2 样地 0～20cm 深度土壤的 3 个平行样；7～9 为 S_3 样地 0～20cm 深度土壤的 3 个平行样；10、11 为 S_1 样地 20～30cm 深度土壤的 2 个平行样；12、13 为 S_2 样地 20～30cm 深度土壤的 2 个平行样；14、15 为 S_3 样地 20～30cm 深度土壤的 2 个平行样。下同。

各样品的 PCR 扩增产物经纯化后进行细菌的 DGGE 电泳，利用 Quantity One 软件对 DGGE 胶图进行条带识别和图谱分析，结果如图 2-2 所示。土壤样品微生物的 16S rDNA 片段通过 DGGE 被分离出不同位置的若干条带。根据胶图上条带迁移的位置和数目可以看出细菌的种类丰富程度。样品间的主要条带不同，表明细菌优势种存在差别。不同泳道同一位置条带的明暗程度（光密度值）则反映该细菌类群在不同环境样品中的相对丰度（Lyautey 等，2005）。不同土壤样品在细菌种类组成上差别明显。

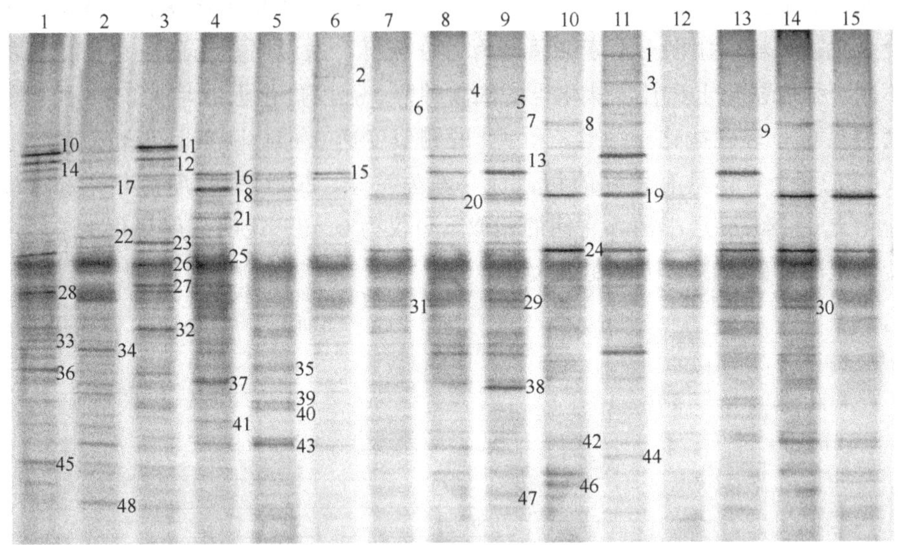

图 2-2　不同盐碱程度不同土壤深度细菌群落 DGGE 图谱

注：百分数代表各泳道与 1 泳道相比的相似性。

盐土、强度盐化土和轻度盐化土的表层（0～20cm）土壤中，对应的泳道有许多相同的条带，表明这些相同的条带所代表的细菌种群为不同程度盐碱地群落的表层土壤所共有，但是这些共有条带的亮度不尽相同，表示它们在各自盐碱地群落表层土壤中的丰富度存在差异。此外，强度盐化土和轻度盐化土细菌群落的表层土壤有一些条带，在盐土中却未见，说明强度盐化土和轻度盐化土表层土壤中的细菌群落与盐土表层土壤中的细菌群落有显著差异，这可能与盐胁迫有关，从而抑制了这些细菌的生长。相反，盐土表层土壤中又有几种细菌种群是其特有的，这可能与盐土土壤中嗜盐或耐盐微生物有关。在 20～30cm 层土壤中，不同盐碱程度土壤类型间的泳道条带变异较大，轻度盐化土中细菌种群较盐土和强度盐化土少。同一盐碱程度土壤在不同土壤深度的泳道条带比较，可以看出各自的优势条带明显，说明优势种群发生了变化。

（2）不同盐碱程度不同深度土壤细菌群落相似性分析

依据样品间的相似系数构建的聚类图（UPGMA）如图 2-3 所示。15 个土壤样品中，细菌群落组成总体分为两大族群：三种类型盐碱土 0～20cm 层土壤细菌聚为一族群；20～30cm 层土壤细菌聚为另一族群。说明 0～20cm 层与 20～30cm 层土壤细菌种群的构成变化较大。其中，0～20cm 层土壤细菌又可分成两大族群：盐土 0～20cm 层的三个重复土壤细菌聚为一族群；强度盐化土和轻度盐化土土壤细菌聚为另一族群。这说明盐土的土壤细菌种群不同于强度盐化土和轻度盐化土的细菌种群。强度盐化土中＃5 和＃6 的相似度为 0.66，轻度盐化土中＃8 和＃9 的相似度达 0.61。一般认为相似值高于 0.60 的两个群体具有较好的相似性（陈法霖等，2011）。强度盐化土和轻度盐化土 0～20cm 层细菌，它们的相似系数仅为 0.43，说明强度盐化土与轻度盐化土的细菌种群结构存在很大差异。

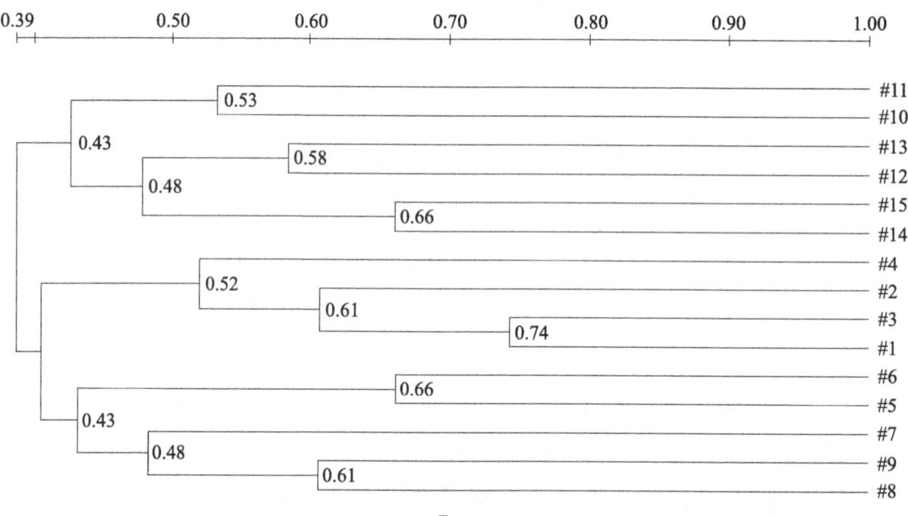

图 2-3　不同盐碱程度不同深度土壤细菌群落聚类分析

（3）不同盐碱程度不同深度土壤细菌群落多样性指数分析

DGGE 图谱泳道中的条带数目可以作为其对应样品的基因型丰富度（genotypic richness，S）（Dong 和 Reddy，2010），Quantity One 分析得到的某一条带的相对光密度值（某一条带的光密度值与该条带所在泳道所有条带光密度总和的比值）则可作为其对应细菌种群的多度（P_i）（Reche 等，2005）。以基因型丰富度和细菌种群的多度为基础可根据相应公式（叶姜瑜和罗固源，2005）分别计算出各泳道对应样品的 Shannon-Wiener 指数和 Evenness 指数，结果如表 2-5 所示。不论是在 0～20cm 层还是在 20～30cm 层土壤中，轻度盐化土和强度盐化土的细菌 Shannon-Wiener 指数和 Richness 指数均为最大，并且与盐土有显著性差异。说明轻度盐化土和强度盐化土不论是在 0～20cm 层还是在 20～30cm 层土壤中细菌群落都最为丰富，但其中各菌种分布的 Evenness 差异不显著。随着土壤深度的增加，Evenness 不变，Shannon-Wiener 指数和 Richness 指数均显著降低。这表明从土壤 0～20cm 至 30cm 的深度范围内，随着土层深度的增加，土壤细菌的 Shannon-Wiener 指数越来越小，Richness 指数也越来越低。

表 2-5　不同盐碱程度不同深度土壤细菌群落多样性指数分析

土壤类型	Shannon-Wiener(*H*)	Evenness(*E*)	Richness(*S*)
S_1(0～20cm)	3.04±0.03b	0.99±0.00a	22.00±1.00b
S_2(0～20cm)	3.29±0.02a	0.99±0.00a	27.67±0.58a
S_3(0～20cm)	3.36±0.02a	0.98±0.00a	30.00±1.00a
S_1(20～30cm)	2.49±0.10c	0.97±0.00a	14.00±0.00c
S_2(20～30cm)	3.05±0.11b	0.98±0.00a	24.00±0.00b
S_3(20～30cm)	3.14±0.11b	0.99±0.00a	24.00±2.83b

注：同列不同小写字母表示样地间差异显著（$P<0.05$）。

（4）不同盐碱程度不同深度土壤细菌群落系统发育分析

DGGE 凝胶条带回收后，以 338F/518R 为引物进行 PCR 扩增，获得约 200bp 的 DNA 片段。PCR 产物纯化后连接到 pMD18-T 载体上，转化至 DH5α 感受态细胞中，筛选阳性克隆测序。测序结果与 GenBank 中的序列进行比对，得到条带所代表的细菌类型。每个回收条带选取 3 个克隆进行了序列测定，见表 2-6。采用 MEGA5 软件，用 Neighbor-joining 法构建系统发育树，自展数（bootstrap）为 1000，系统发育树见图 2-4。根据这些 DGGE 带谱所代表的微生物即可判定不同盐碱程度土壤不同土层中细菌群落的组成状况。

表 2-6　测序克隆序列与其基因条带最相似序列的比对结果

样品编号	最相似菌株名称	登录号	相似度/%	相似类群
Band1	Pseudomonas guineae	NR_042607	99	γ-变形菌纲(Gammaproteobacteria)
Band3	Rhodoligotrophos appendicifer	NR_113322	98	α-变形菌纲(Alphaproteobacteria)
Band4	Azoarcus evansii	NR_029266	98	β-变形菌纲(Betaproteobacteria)
Band6	Novosphingobium nitrogenifigens	NR_043857	99	α-变形菌纲(Alphaproteobacteria)

续表

样品编号	最相似菌株名称	登录号	相似度/%	相似类群
Band8	Planobispora siamensis	NR_118003	93	放线菌纲(Actinobacteria)
Band11	Flavobacterium gelidilacus	NR_025538	98	黄杆菌纲(Flavobacteria)
Band12	Pseudomonas guineae	NR_042607	99	γ-变形菌纲 Gammaproteobacteria
Band15	Pseudomonas guineae	NR_042607	100	γ-变形菌纲 Gammaproteobacteria
Band18	Crocosphaera watsonii	NR_115288	93	蓝藻纲(Cyanobacteria)
Band19	Pseudomonas entomophila	NR_102854	99	γ-变形菌纲 Gammaproteobacteria
Band21	Kutzneria buriramensis	NR_109430	90	放线菌亚纲(Actinobacteridae)
Band23	Cellvibrio fibrivorans	NR_025420	100	γ-变形菌纲(Gammaproteobacteria)
Band24	Pseudomonas japonica	NR_040992	99	γ-变形菌纲 Gammaproteobacteria
Band27	Alcanivorax pacificus	NR_115821	96	γ-变形菌纲(Gammaproteobacteria)
Band28	Sanguibacter keddieii	NR_074716	94	放线菌亚纲(Actinobacteridae)
Band34	Sphingomonas kyungheensis	NR_118263	99	α-变形菌纲(Alphaproteobacteria)
Band36	Algibacter agarolyticus	NR_118327	97	黄杆菌纲(Flavobacteria)
Band37	Elusimicrobium minutum	NR_074114	83	Elusimicrobia
Band38	Roseiflexus castenholzii	NR_112114	89	绿弯菌纲(Chloroflexi)
Band43	Desulfovibrio piezophilus	NR_102518	86	δ-变形菌纲(Deltaproteobacteria)

条带（Band）3 属于 *Rhodoligotrophos appendicifer*，为盐化土 20～30cm 层优势菌；条带 4 属于固氮弓菌属（*Azoarcus*），为轻度盐化土 0～20cm 层优势菌；条带 11 和 36 属于黄杆菌属（*Flavobacterium*），为盐土和强度盐化土 0～20cm 层优势菌；条带 23 属于纤维弧菌属（*Cellvibrio*）；条带 27 属于食碱菌属（*Alcanivorax*）。以上菌种在三种不同程度盐碱土 0～20cm 层都有出现。一般情况下认为，两种细菌 16S rDNA 序列同源性小于 98%时属于不同种，而同源性小于 93%～95%时，则属于不同的属（Moschetti 等，2006）。所以条带 8、18、28、37、38 和 43 属于新菌的可能性比较大。

将获得的 20 条序列通过 BLAST 比对和系统进化树分析后，由图 2-4 可知，大致可分为 3 个大的系统发育类群，即变形菌门（Proteobacterium）、拟杆菌门（Bacteroidetes）和绿弯菌门（Chloroflexi）、放线菌门（Actinobacteria）和蓝藻门。其中，γ-变形菌纲（Gammaproteobacteria）为盐碱土壤中的优势类群，属于变形菌门的 11 个条带中有 7 个（条带 1、12、15、19、23、24、27）属于这一类群，3 个（条带 3、6、34）属于 α-变形菌纲（α-Proteobacteria），其余 1 个（条带 4）属于 β-变形菌纲（Betaproteobacteria）。

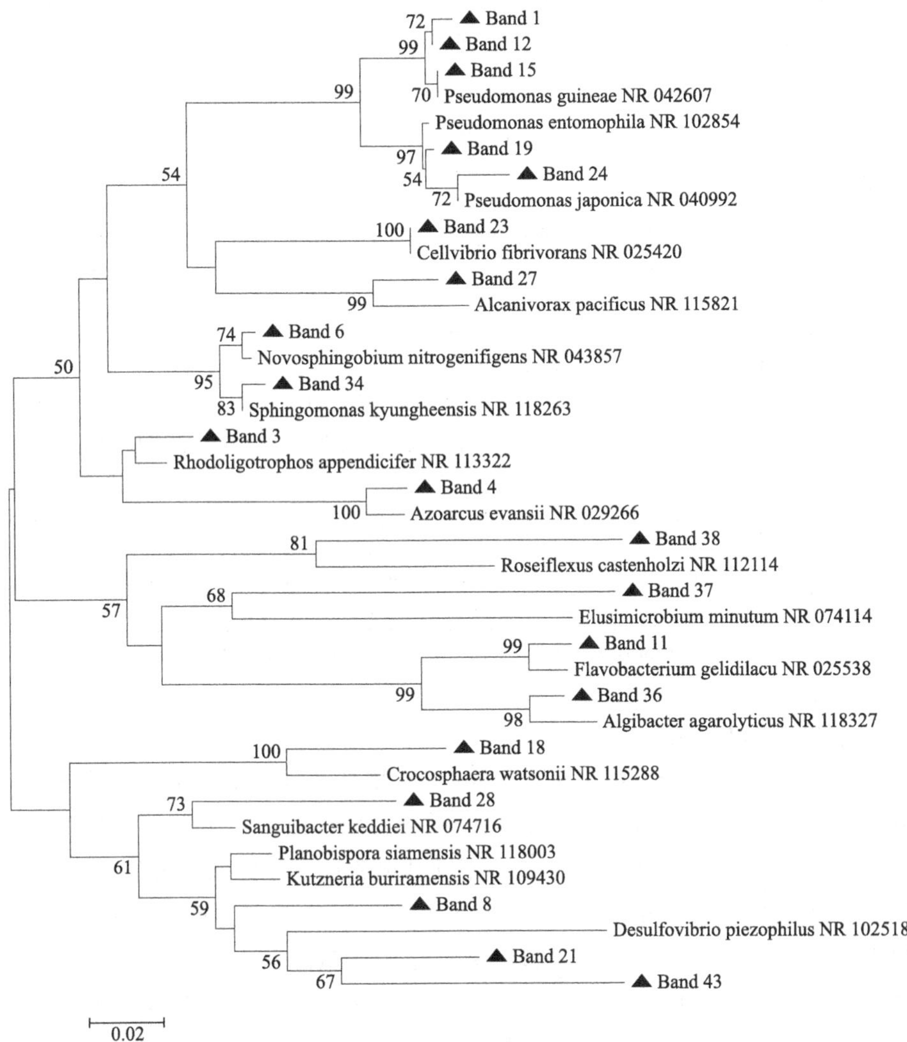

图 2-4　16S rDNA 序列系统进化树

2.3.2　土壤理化特性对细菌群落结构的影响

（1）不同盐碱程度不同深度土壤理化特性

由表 2-7 可知，三种不同盐碱程度不同深度的土壤，w(EC)、pH 值、w(TP)、w(SOC)、w(W)（土壤质量含水量）和土壤容重均存在差异。同一土壤深度，三种不同盐碱程度土壤的 pH 值和 w(EC) 表现为盐土最大，并且与轻度盐化土和强度盐化土有显著差异；土壤容重、w(TP) 和w(SOC) 表现为盐土＜强度盐化土。同一盐碱程度土壤，不同土壤深度，w(W)、w(EC)、w(TP) 和 w(SOC) 表现为 0～20cm 层含量高于 20～30cm 层含量，与土壤容重变化趋势相反。pH 值在 0～20cm 层和 20～30cm 层土壤中则无明显规律。

表 2-7 不同盐碱程度不同深度土壤理化参数

土壤类型	w(W)/%		土壤容重/(g/cm³)		w(EC)/(mS/cm)	
	0～20cm	20～30cm	0～20cm	20～30cm	0～20cm	20～30cm
S_1	0.35±0.05a	0.27±0.01a	1.38±0.03b	1.62±0.02a	1.35±0.16a	1.11±0.11a
S_2	0.33±0.03ab	0.29±0.03a	1.37±0.02b	1.53±0.12a	0.74±0.30ab	0.66±0.15b
S_3	0.27±0.02b	0.27±0.04a	1.46±0.06a	1.59±0.05a	0.48±0.01b	0.41±0.10b
土壤类型	pH 值		w(TP)/(g/kg)		w(SOC)/g/kg	
	0～20cm	20～30cm	0～20cm	20～30cm	0～20cm	20～30cm
S_1	8.85±0.09a	8.48±0.08a	0.78±0.03b	0.67±0.00b	10.31±0.28b	8.21±0.13a
S_2	8.17±0.05b	8.35±0.02b	1.16±0.01a	0.87±0.14a	15.38±0.83a	11.07±2.99a
S_3	8.12±0.04b	8.14±0.07c	1.10±0.09a	0.88±0.02a	14.12±1.16a	9.28±1.38a

注：0～20cm 和 20～30cm 代表土壤深度；同列不同小写字母表示样地间差异显著（$P<0.05$），$n=3$。

（2）相关性分析

表 2-8 为 0～20cm 层与 20～30cm 层土壤细菌群落基因型多样性 Shannon-Wiener 指数、Evenness 指数和 Richness 指数与表 2-7 六种理化参数的相关性分析结果。由表 2-8 可见，三种不同盐碱程度土壤细菌群落的 Shannon-Wiener 指数与 Richness 指数都与土壤 w(EC)、pH 值和容重呈显著负相关，与土壤 w(SOC) 和 w(TP) 呈极显著正相关。Evenness 指数与土壤容重呈显著负相关，与土壤 w(W) 呈显著正相关。w(EC)、pH 值和容重越小，土壤 w(SOC) 和 w(TP) 越大，土壤细菌群落的 Shannon-Wiener 指数和 Richness 指数越大。

表 2-8 不同盐碱程度不同深度土壤细菌群落指数与理化参数的相关性分析

细菌群落指数	w(EC)	pH 值	土壤容重	w(TP)	w(SOC)	w(W)
Shannon-Wiener	−0.542*	−0.526*	−0.523*	0.805**	0.700**	0.109
Evenness	0.020	0.028	−0.590*	0.355	0.285	0.596*
Richness	−0.578*	−0.610*	−0.450	0.850**	0.751**	0.019

注：数值为 Pearson 相关性指数；* 表示 $P<0.05$，显著相关；** 表示 $P<0.01$，极显著相关。

（3）土壤细菌群落和理化性质的 CCA 分析

将 DGGE 图谱中各条带的灰度值作为物种数据，利用 CANOCO 进行去趋势对应分析（detrended correspondence analysis，DCA），所得结果中第 1 排序轴的梯度长度（length of gradient）值为 3.299，当该值介于 3.0～4.0 时，选择线性模型做冗余分析（redundancy analysis，RDA）或者选择单峰模型做典范对应（canonical correspondence analysis，CCA）分析均合适，根据 Lehender 和 Gallagher（2001）分析理论，选择 CCA 更合适。将物种数据与表层土壤理化参数 *w*(EC)、pH 值、*w*(TP)、*w*(SOC)、*w*(W) 和土壤容重做 CCA，第 1 排序轴解释了影响土壤细菌群落结构的因素中，土壤理化因素占 21.3%，总排序轴即所选的土壤环境理化因子对物种的总解释量为 72.9%。这说明土壤 *w*(EC)、pH 值、*w*(TP)、*w*(SOC)、*w*(W) 和土壤容重在研究盐碱土壤中的重要性。然而在盐碱土壤环境中可能还有其他理化因子对细菌群落结构产生影响。

图 2-5 为不同盐碱程度不同深度土壤细菌群落-环境 CCA 排序图。第 1 排序轴与 *w*(EC)、pH 值、*w*(TP)、*w*(SOC) 和土壤容重的相关系数分别为 −0.7660、−0.7002、0.0374、−0.2608 和 0.7656。由图 2-5 可见，在 0～20cm 和 20～30cm 土层 3 种不同盐碱程度土壤的分异明显，而且各土壤平行样一致性较好，均聚集在一起。*w*(EC) 和 pH 值环境变量的长度都长于其他

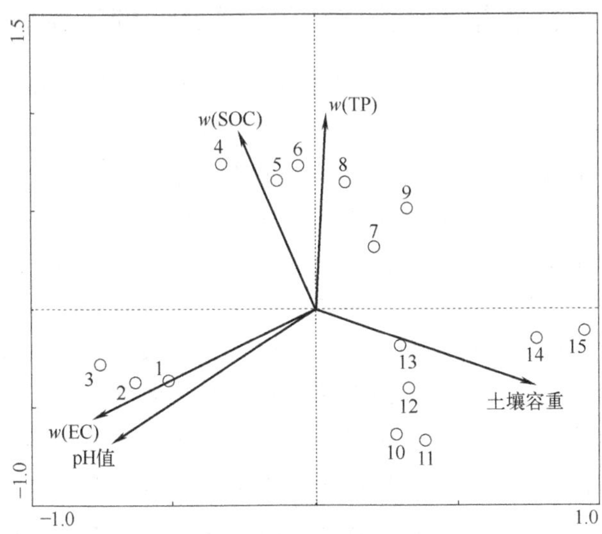

图 2-5　不同盐碱程度不同深度土壤细菌群落-环境 CCA 排序

理化因子，说明其在盐碱土壤中对细菌群落的影响力最大。轻度盐化土和强度盐化土 0～20cm 的细菌群落适宜在高 w(TP)、w(SOC) 环境中生存，盐土 0～20cm 的细菌群落适宜在高 w(EC)、pH 值的环境中生存。在 20～30cm 土壤中，轻度盐化土细菌群落在土壤容重较大时具有最适值。

CCA 分析结果表明，Monte Carlo 测试的所有成分轴 $P=0.0040$，w(EC)、pH 值、w(TP)、w(SOC) 和土壤容重对盐碱土壤的细菌群落都存在显著影响，并且 w(EC) 和 pH 值对盐碱土壤细菌群落的影响力最大。

2.4 讨论

在自然生态环境下，许多微生物不适宜培养，用传统的方法如平板计数法得到的微生物多样性结果是非常片面的（叶姜瑜和罗固源，2005）；碳素利用法（Biolog 系统）仅能鉴定快速生长的部分微生物，只反映了潜在的而不是原位的代谢多样性（Garland 和 Mills，1991）；而以 PCR-DGGE 技术为代表的分子生态学方法，因为无需培养且检验时间较短，相对较为先进和可靠。PCR-DGGE 能很好地揭示不同程度盐碱土壤中相关细菌较高的系统发育树多样性、遗传多样性和生态系统多样性。

2.4.1 不同盐碱程度土壤对细菌群落结构的影响

本书利用 PCR-DGGE 的研究方法得出，河套地区盐碱土壤，在 0～20cm 层和 20～30cm 层土壤中，盐土和强度盐化土、轻度盐化土细菌群落种类之间差异显著。土壤细菌群落多样性随着盐碱程度的加深，Shannon-Wiener 指数和丰富度指数都显著降低。这与孙佳杰等（2010）的研究结果一致，土壤盐化程度越高，土壤微生物数量越少，土壤微生物中细菌的数量从大到小依次为轻度盐化土、中度盐化土、重度盐化土、盐土。本实验结果表明，土壤中细菌群落的 Shannon-Wiener 指数与 Richness 指数随土壤深度的增加显著降低。我国有许多学者对土壤细菌群落的垂直分布做了研究，如潘雪莲等（2009）研究表明，在 0～30cm 土壤深度范围内，黄土高原微生物多样性指数随土层深度的增加而减少；张社奇等（2004）在研究黄土高原刺槐林地土壤微生物垂直分布时发现土壤细菌群落随深度的变化极为显著。

(1) 土壤盐度和碱度对土壤细菌群落结构的影响

土壤盐碱程度的加深主要表现为土壤盐分的增加和 pH 值升高。本研究相关性分析表明，三种不同盐碱程度的土壤中细菌群落的 Shannon-Wiener 指数和 Richness 指数与土壤 w(EC)、pH 值呈显著负相关。土壤盐碱程度加深意味着土壤 w(EC) 和 pH 值增大，土壤细菌群落的多样性和丰富度降低。土壤水溶性离子的总量（简称土壤含/全盐量）是衡量土壤盐害程度大小的重要指标，土壤水溶性离子又是强电解质，其导电能力可用电导率 w(EC) 表示，并且二者具有正相关性，所以土壤 w(EC) 越高，盐分越高，盐害越严重（尹建道等，2010）。土壤微生物对 w(EC) 变化十分敏感，当土壤盐分升高时，盐分胁迫直接改变了微生物的生存环境，造成土壤微生物渗透胁迫，抑制和降低土壤活性微生物种群数量（Garcia-Gil 等，2000）。有研究者在利用 PLFA 方法研究盐碱土壤微生物时发现，土壤盐害程度越高，碱性越强，土壤主要微生物多样性越单一，反之则越丰富（李新等，2014）。康贻军等（2007）指出，细菌数量与土壤全盐含量呈显著负相关，土壤盐害程度越高，微生物数量越少，土壤细菌和真菌的数量分布从大到小为轻度盐化土、中度盐化土、重度盐化土和盐土。许多研究证明，在多种生态系统中 pH 值通常与细菌群落结构有很好的相关性（Yu 等，2003；Christopher，2006；Singh 等，2008）。

(2) 土壤有机碳、全磷等理化性质对土壤细菌群落结构的影响

本研究进一步分析了土壤其他理化特性对细菌群落多样性的影响。三种不同盐碱程度的土壤中细菌群落的 Shannon-Wiener 指数和 Richness 指数都与土壤 w(SOC) 和 w(TP) 呈极显著正相关，与土壤容重呈显著负相关，即土壤盐碱程度越低，土壤 w(SOC) 和 w(TP) 越高，土壤细菌群落的多样性和丰富度也越高。这与许多学者的研究结果一致，随着盐碱程度的增加，土壤养分含量呈逐渐下降趋势，N、P 等含量明显降低（Vega-Jarquin 等，2003；Fernandez-Luqueno 等，2008）。张杰等（2013）研究发现，表层土壤中 pH 值、w(TOC)、w(TN) 和 w(TP) 对表层土壤细菌群落结构都有影响。因为土壤的 w(SOC) 在 0～20cm 层高于 20～30cm 层，20～30cm 层土壤中 w(SOC) 含量越少，土壤肥力越低（Araujo 等，2014）。严宁珍等（2013）研究发现，土壤剖面有机碳含量自地表向下依次降低，均为表层最高，心土层次之，底层土最低。土壤 w(TP) 随着土壤深度增加而降低，并且 0～20cm 层与 20～30cm 层有显著性差异，说明磷素在土壤表层积累。水

分条件是影响土壤中微生物生存和活性的一个重要因素，适当的土壤水分条件可以增加土壤微生物量和微生物活性（Degryze 等，2004；Killham，1994）。而 Griffiths 等（2003）研究指出，水分能明显调节草地微生物多样性，并会增加微生物本身对水的抗受性。本研究表明，土壤 w(W) 与细菌 Evenness 指数呈显著正相关，与 Shannon-Wiener 指数并不存在相关关系，可能是因为微生物在河套灌区这种极端干旱和盐碱胁迫的条件下，已经适应了缺水的环境，土壤中的其他营养成分成为限制微生物活动的主要因子。土壤容重在一定范围内越小，土壤细菌群落的多样性指数、丰富度指数越高。这与邵明安等（2006）的研究结果一致，一般含矿物质多而结构差的土壤（如砂土），土壤容积比重在 1.4～1.7 之间；含有机质多而结构好的土壤（如农业土壤），在 1.1～1.4 之间。

综上所述，初步说明三种不同盐碱程度土壤中细菌的群落结构、丰富度、多样性和均匀度在样地之间的差异性主要与土壤中 w(EC)、pH 值、w(SOC)、w(TN) 和容重有关。也证实了，土壤营养素越充足，土壤盐碱化程度越小，土壤紧实度越适中，则土壤细菌群落的多样性和丰富度越高。

2.4.2 主要土壤细菌类群的分析

DGGE 条带经序列测定后发现，不同盐碱程度土壤不同深度的细菌优势菌群不同。固氮弓菌属为轻度盐化土 0～20cm 层优势菌，黄杆菌属为盐土和强度盐化土 0～20cm 层优势菌，Rhodoligotrophos appendicifer 为盐化土 20～30cm 层优势菌。Quesada 等（1982）在高盐（5%～15%NaCl）土壤中生长的一种耐旱植物根际也分离到了属于微球菌属（*Micrococcus*）和棒杆菌属（*Corynebacterium*）的嗜盐菌株。郑贺云等（2012）在新疆阿克苏地区盐碱土土样中同样测出优势菌群假单胞菌目（Pseudomonadales）、根瘤菌目（Rhizobiales）、放线菌目（Actinomycetales）、海洋螺菌目（Oceanospirillales）和黄杆菌目（Flavobacteriales）。构建系统进化树分析发现，变形菌纲（α-变形菌纲、β-变形菌纲和 γ-变形菌纲）是盐碱土壤的主要类群。在所有测序条带中，变形菌门占分析样品总量的 55%，其余为拟杆菌门（Bacteroidetes）、绿弯菌门（Chloroflexi）、放线菌门（Actinobacteria）和蓝藻门。牛世全等（2013）对河西走廊盐碱土壤细菌种群多样性的 16S rDNA 研究发现，原生盐碱土中存在 9 大细菌类群，γ-Proteobacteria 为优势菌群，并且 Pseudomonas 这些嗜盐菌普遍存在于盐碱土中。石伟（2011）对极端盐碱土壤细菌的分离筛选及抗盐特性研究也发现，28 株菌的 16S rDNA 序列的系统发育分析结果显示多数菌株属于 γ-Proteobacteria 门。由此也可以得出盐碱地土壤并不是“生命禁区”，并且存在着丰富的微生物资源。可见 16S rDNA 序列分析技术能够在属以上的水平上很好地反映细菌的分类。因此，在利用现代分子生物学技术分析细菌结构的基础上，进一步对土壤微生物区系及其相互协同拮抗的代谢机制，以及与盐碱环境之间的关系进行探究将成为今后研究的重点。

2.5 结论

① 内蒙古河套灌区盐碱土中，盐土、强度盐化土和轻度盐化土在 0～20cm 层和 20～30cm 层土壤细菌群落种类之间差异显著，土壤盐碱化程度越低，土壤细菌群落多样性和丰富度越高，表现为轻度盐化土＞强度盐化土＞盐土；0～20cm 层与 20～30cm 层的土壤细菌群落也存在显著性差异，随着土层的加深，土壤细菌群落多样性和丰富度减小。

② 多元分析结果表明，土壤 w(EC)、pH 值、w(SOC)、w(TP) 和容重是土壤细菌群落结构多样性的显著影响因素。土壤 pH 值、w(EC) 和容重在一定范围内越低，土壤 w(SOC) 和 w(TP) 越高，土壤细菌群落的多样性和丰富度就越高。w(EC) 和 pH 值对盐碱土壤细菌群落结构的影响力最大。

③ 变形菌纲（α-变形菌纲、β-变形菌纲和 γ-变形菌纲）是盐碱土壤的主要类群。

第3章

外源盐对不同盐碱程度土壤CH_4吸收潜力的影响

3.1 引言

CH_4 是一种重要的温室气体，对全球增温潜势的贡献率达 17%，是同等浓度水平下 CO_2 的 23 倍，参与对流层的化学反应（Parry，2007；IPCC，2007）。一般认为通气性较好的旱地性土壤是最主要的大气 CH_4 汇，每年吸收大气中的 CH_4 约 10～44Tg，对全球 CH_4 汇的贡献率达到 10%（Grosso 等，2000；Fang，2014）。大气 CH_4 汇的研究主要集中在草地（齐玉春等，2005；Lin 等，2015）、森林（Reay 等，2005；Xu，2007）、沙地（Angel & Conrad，2009；Hou 等，2012）等土壤类型。目前全球盐碱土壤面积达 $9.5\times10^8hm^2$，大约占陆地总面积的 25%，中国盐碱土壤面积约为 $0.6\times10^8hm^2$（Liu，2008）。随着盐渍化土壤面积的不断扩大，盐含量以及 pH 改变着土壤的质地结构、土壤有机碳以及土壤肥力等（Wang 等，2014）。土壤有机层阻隔了大气中 CH_4 或 O_2 向土壤中甲烷氧化菌的扩散（Steinkamp 等，2001）。张景峰等（2011）发现当土壤盐浓度从 2.5μmol（NaCl）/g（干重）变化到 10μmol（NaCl）/g（干重）时，CH_4 吸收速率从原来的 45%降低到 18%；Dalal 等（2008）认为盐碱土壤中高盐离子浓度可能会通过土壤水势抑制 CH_4 的氧化过程；Whalen（2000）通过室内实验证明了 CH_4 吸收对盐离子很敏感，尤其是氯离子。大多数甲烷氧化菌适宜生长在 pH 值范围为 6.6～6.8 的环境中，其进行 CH_4 氧化最适宜的 pH 范围大约为中性或弱碱性环境，pH 值在 7.0～7.5 变动（Smith 等，2008）。Dunfield 等（2003）在 3 种原始森林土壤中观测到甲烷氧化菌的最适 pH=5.5，而且能够生长繁殖并具有活跃的代谢功能。甲烷氧化菌是好气性土壤 CH_4 吸收最主要的微生物之一，依靠 CH_4 作为其生长的唯一碳源和能源（Katrin，2012；Jeremy，2010）。土壤中甲烷氧化菌种群及其 CH_4 氧化活性直接影响着由土壤进入大气的 CH_4 量，改变着土壤中的 CH_4 氧化速率（陈中云等，2001）。Nancy 等（2014）通过对墨西哥盐碱土壤的研究表明，增加盐浓度在根本上降低了土壤甲烷氧化菌的比活性，间接地降低 CH_4 吸收速率；Menyailo 等（2008）发现土壤甲烷氧化菌比活性在俄罗斯草原种植人工林后土壤 CH_4 吸收速率变化中扮演重要角色；杨芊葆等（2010）通过对旱地农田土壤的研究发现，比活性越大，CH_4 吸收速率越大。土壤甲烷氧化菌落特征主要受土壤性质的调控，近几年一些大尺度的调查也证实，土壤性质（如 pH 和盐含量）是调控土壤甲烷氧化菌群落多样性和群落结构的关键因子（Fierer & Jackson，2006）。

CH_4 排放研究主要集中在中国南方酸性土壤，而 CH_4 吸收潜力研究在北方旱地碱性土壤中开展，由于环境因素（盐含量）对内蒙古中部河套灌区旱地盐碱土壤 CH_4 吸收潜力的报道较少，本研究通过室内培养实验探究在不同外源 CH_4 浓度下，外源盐加入对不同盐碱程度土壤 CH_4 吸收潜力的影响，为评估全球盐碱土壤温室气体汇的累积量提供理论依据。通过实时荧光定量 PCR 技术间接获得盐碱土壤甲烷氧化菌比活性的大小，从微生物的角度探究 CH_4 吸收的响应机制，为治理盐碱土壤提供参考。

3.2 材料与方法

3.2.1 研究区概况

供试土壤属于农田土壤，种植葵花作物，采于内蒙古自治区巴彦淖尔市乌拉特前旗，地理位置在东经 108°11′～109°54′、北纬 40°28′～41°16′之间，总面积 7476km^2。地处黄河北岸，河套平原东端，该地属中温带大陆性气候，冬寒而长，夏热而短，干旱少雨，春季风沙较大，最高气温为 39.7℃，最低气温为－30.7℃，年平均气温为 7.7℃。年平均日照时间是 3212.5h。降水集中于 6～9 月，年平均降水量为 213.5mm，年蒸发量在 1900～2300mm。

3.2.2 样品采集

试验时间为 2014 年 5 月（土壤未种植作物），为避免地形等因素干扰，研究样区地势平坦，按照邻近原则布置样点，距离地表 0～20cm 取样。依据不同盐碱程度土壤盐含量，参照土壤盐化分级标准（王遵亲，1993），选取 3 种不同盐碱程度土壤（见表 3-1）S_{A1}（轻度盐化土）、S_{B1}（强度盐化土）、S_{C1}（盐土）。一份土壤经风干研磨过 2mm 筛，用于理化性质测定和 CH_4 培养实验；另一份土壤迅速运回实验室，然后将部分土壤分装于若干无菌离心管中，于－8℃下保存。

表 3-1 试验土壤盐分含量 单位：%

土壤种类	K^+	Na^+	Ca^{2+}	Mg^{2+}	SO_4^{2-}	CO_3^{2-}	HCO_3^-	Cl^-	总量
S_{A1}	0.0016	0.0088	0.014	0.0056	0.013	0	0.064	0.01	0.12
S_{B1}	0.0058	0.12	0.083	0.045	0.39	0	0.048	0.14	0.83
S_{C1}	0.015	0.4	0.073	0.054	0.74	0	0.051	0.36	1.69

3.2.3 土壤基本理化性质

土壤基本理化性质的测定方法（鲍士旦，2000）如下：pH 值以 1∶2.5 土水比用复合电极法测定；电导率以 1∶5 土水比用复合电极法测定；土壤容重用环刀法测定；土壤质地用比重计速测法测定；土壤有机质用重铬酸钾容量法-外加热法测定；土壤总磷用 $HClO_4$-H_2SO_4 测定；土壤总氮通过凯氏定氮法测定；土壤铵态氮采用纳氏试剂比色法测定；土壤硝态氮用酚二磺酸比色法测定。试验土壤基本理化性质见表 3-2。

表 3-2 试验土壤基本理化性质

土地类型	样地	pH 值	电导率/(mS/cm)	土壤容重/(g/cm³)	总磷/(g/kg)	有机质/(g/kg)	铵态氮/(mg/kg)	硝态氮/(mg/kg)
S_A	S_{A1}	7.64	0.355	1.46±0.03	1.09±0.09	14.12±1.43	10.52±2.02	7.76±2.08
	S_{A2}	7.50	0.545	—	—	—	—	—
	S_{A3}	7.52	0.689	—	—	—	—	—
S_B	S_{B1}	8.00	0.542	1.37±0.03	1.16±0.01	15.38±0.86	8.88±0.20	4.37±0.20
	S_{B2}	7.64	1.145	—	—	—	—	—
	S_{B3}	8.38	0.811	—	—	—	—	—
S_C	S_{C1}	7.63	1.328	1.39±0.02	0.77±0.03	10.31±0.30	6.76±1.34	0.84±0.32
	S_{C2}	7.97	1.448	—	—	—	—	—
	S_{C3}	7.90	1.618	—	—	—	—	—

3.2.4 PCR 体系的建立

DNA 提取采用 CTAB/SDS 方法。利用广泛存在于环境样品中的甲烷氧化菌 *pmoA* 基因的检测与定量化，在 *pmoA* 定量过程中，所采用的引物（Adrian，2011）为 A189f（5′-GGN GAC TGG GAC TTC TGC-3′）和 A682r（5′-GAA SGC NGA GAA GAA SGC-3′），利用 2 对特异性引物分别扩增样品 DNA 中细菌数目的 DNA 序列。QPCR 反应所需体系如下。PCR 扩增体系（25μL）：10×PCR 缓冲液 2.5μL；dNTP（2.5mmol/L）1.6μL；primers F（5P）1μL；primers R（5P）1μL；Taq（5U/μL）0.125μL；模板 DNA

50ng；补 H_2O 16.775μL。PCR 扩增程序：95℃下预变性 4min；95℃下变性 30s，60℃下复性 30s，72℃下延伸 30s，30 个循环；72℃下延伸 10min。PCR 产物采用 AXYGEN 公司的 DNA Gel Extraction Kit 进行纯化。筛选阳性克隆，对插入的细菌 DNA 片段进行序列测定，序列正确的阳性克隆子利用试剂盒提取质粒作为标准品，将制备好的质粒标准品按 10 倍梯度（质量浓度）稀释，得到 4 个稀释度的标准模板，以 QPCR 反应的循环数为横坐标，以不同模板拷贝数的对数为纵坐标，绘制标准曲线。PCR 仪为 Biometra 公司生产的 T-gradient，凝胶成像仪为 Bio-Rad 公司的 Gel-Doc2000 凝胶成像系统。

3.2.5 CH_4 室内培养实验

分别称取过 100 目筛的 S_{A1}、S_{B1}、S_{C1} 土壤样品各 50g（相当于烘干土重），装入 250mL 规格的培养瓶（Glasgeratebau OCHS GmbH）中，加入灭菌去离子水 5mL，预培养 7 天，激活土壤微生物。7 天后取出培养瓶，在土壤样品中添加盐（KCl）溶液调节土壤盐含量（表 3-3），并保证培养体系中土壤含水率为 25%（体积分数），用 T 型硅胶塞封口。于（25±1)℃下恒温培养箱中避光培养 328h。设置两种外源 CH_4 浓度，即大气外源 CH_4 浓度（未向培养瓶中注射 99.9%的 CH_4 气体）和高外源 CH_4 浓度（向培养瓶中注射 99.9%的 CH_4 气体 2mL）。每个处理均设置 3 次重复。为了保持瓶内压力恒定，抽取培养瓶中空气体积 5mL，之后用注射器向瓶内注入相同体积的空气，前 12 次每隔 12h 抽取一次培养瓶中混合气体，之后每 24h 抽一次，CH_4 的质量浓度用改进后的气相色谱仪（Agilent 6820）测定。仪器配备：FID 检测器和不锈钢的 Porapak Q（80/100mesh），工作条件设定：柱温、进样口和检测器的温度分别设为 55℃、130℃、250℃，载气为氮气，FID 氢气和 FID 空气的流速分别设为 30mL/min 和 400mL/min。

表 3-3　外源盐调控土壤盐分含量

土壤类型	土壤盐分质量浓度/%		
	基底浓度(编号)	加盐后浓度(编号)	
轻度盐化土(S_A)	0.1%(S_{A1})	0.2%(S_{A2})	0.3%(S_{A3})
强度盐化土(S_B)	0.8%(S_{B1})	1.6%(S_{B2})	2.4%(S_{B3})
盐土(S_C)	1.7%(S_{C1})	3.4%(S_{C2})	5.1%(S_{C3})

3.2.6 数据分析方法

甲烷氧化菌丰度(copies)=总体积×摩尔数×样品中检测目标的质量浓度/(pEASY-T 碱基数×脱氧核糖核苷酸平均分子量)　(3-1)

式中，总体积为 DNA 体积，μL；摩尔数为 DNA 物质的量，个/mol；样品中检测目标的质量浓度表示依据标准品 PCR 扩增得到的数据通过换算得到的样品母片段的质量浓度，ng/μL；pEASY-T 碱基数为载体构建的标准品碱基对的数量，个；脱氧核糖核苷酸平均分子量为 607.4g/mol。

CH_4 吸收速率：

$$P=\frac{dc}{dt}\times\frac{V_h}{W_s}\times\frac{MW}{MV}\times\frac{T_{st}}{T_{st}+T} \tag{3-2}$$

式中，P 为 CH_4 吸收速率，μg/(kg・h)；dc/dt 为单位时间培养瓶内 CH_4 质量浓度的变化量，μg/(kg・h)；V_h 为培养瓶内部空间的体积，mL；W_s 为土样的质量，g；MW 为 CH_4 的分子量，16.04；MV 为标准状态下 1mol 气体的体积，22.4L；T 为培养温度，℃；T_{st} 为标准温度，℃。

$$比活性=\frac{单位土壤吸收速率(2)}{该土壤\ pmoA\ 基因丰度(1)} \tag{3-3}$$

式中，甲烷氧化菌比活性的单位是 μg/(kg・copies・h)；(1) 指式 (3-1) 甲烷氧化菌丰度；(2) 指式 (3-2) CH_4 吸收速率。

采用 OriginPro8.0 和 excel 2010 软件进行数据处理与制图，用 SPSS22.0 软件进行单因素方差分析（AVNOA）。

3.3 结果与分析

3.3.1 不同盐碱程度土壤无外源盐调控的 CH_4 吸收

大气外源 CH_4 浓度［(2.5±0.1)μL/L］和高外源 CH_4 浓度［(6451.6±2.9) μL/L］下，随着培养时间的增加，3 种不同盐碱程度土壤（轻度盐化土 S_{A1}、强度盐化土 S_{B1}、盐土 S_{C1}）的 CH_4 吸收速率均降低，整体表现为吸收特征，CH_4 吸收速率为负值，培养 30h 和 78h 时出现排放特征，CH_4 吸收速率为正值，培养 328h 时，CH_4 吸收速率曲线趋于稳定，数接近 0μg/(kg・

h)；3 种不同盐碱程度土壤在培养 12h 内 CH_4 吸收速率有最大值，CH_4 吸收速率最大值分别为（-0.9 ± 0.1）$\mu g/(kg\cdot h)$［图 3-1（a）］和（-3.0 ± 0.1）$\times10^3\mu g/(kg\cdot h)$ ［图 3-1（b）］。大气外源 CH_4 浓度下，土壤 S_{A1}、S_{B1}、S_{C1} 吸收速率曲线上下波动幅度较大，盐碱程度越高，CH_4 吸收速率曲

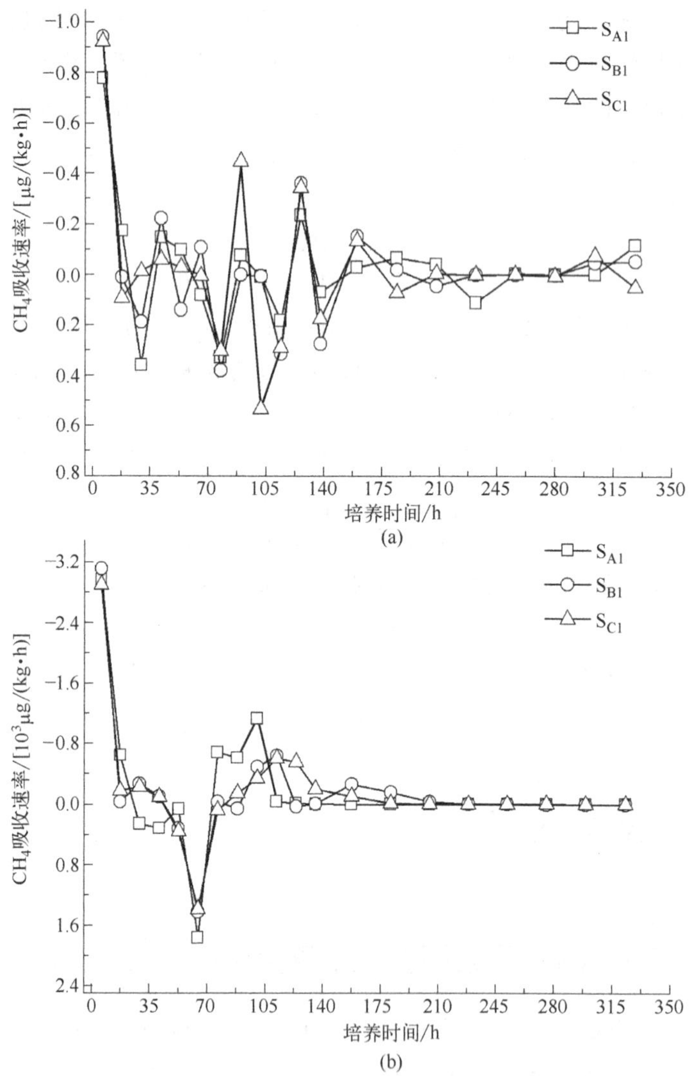

图 3-1　不同外源 CH_4 浓度下无外源盐调控时不同盐碱程度土壤的 CH_4 吸收速率随时间变化的趋势

（a）大气外源 CH_4 浓度；（b）高外源 CH_4 浓度

线变化越剧烈；高外源 CH_4 浓度下，土壤 S_{A1}、S_{B1}、S_{C1} 吸收速率曲线轨迹基本一致，上下波动幅度较缓，在培养 210h 后达到稳定。

两种不同外源 CH_4 浓度下无外源盐调控的 3 种不同盐碱程度土壤 S_{A1}（轻度盐化土）、S_{B1}（强度盐化土）、S_{C1}（盐土）的 CH_4 累积吸收量均表现为：$S_{A1} > S_{B1} > S_{C1}$。土壤 S_{A1} 的 CH_4 累积吸收量最大，值分别为 7.29μg/kg 和 4.40×10^4μg/kg，而土壤 S_{C1} 的 CH_4 累积吸收量最小，值分别为 6.46μg/kg 和 3.83×10^4μg/kg（图 3-2）。不同外源 CH_4 浓度下土壤的 CH_4 累积吸收量表现为：高外源 CH_4 浓度下（4.10×10^4μg/kg）远远大于大气外源 CH_4 浓度下（6.85μg/kg）。

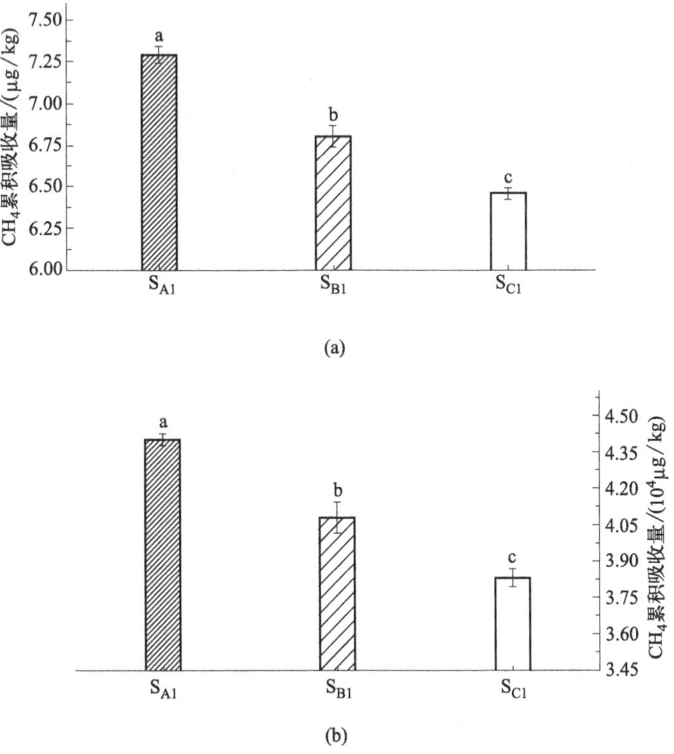

图 3-2　不同外源 CH_4 浓度下无外源盐调控的不同盐碱程度土壤的 CH_4 累积吸收量柱状图

(a) 大气外源 CH_4 浓度；(b) 高外源 CH_4 浓度

注：不同小写字母表示不同盐碱程度土壤差异显著。

3.3.2 外源盐分调控对不同盐碱程度土壤 CH_4 吸收的影响

两种不同外源 CH_4 浓度下外源盐分调控的 3 种不同盐碱程度土壤（S_A、S_B、S_C），随着培养时间的增加，CH_4 的吸收速率呈降低趋势，在培养 12h 内，CH_4 吸收速率有最大值。大气外源 CH_4 浓度下，3 种不同盐碱程度土壤，添加外源盐后 CH_4 吸收速率曲线变化幅度降低，培养 126h 时，均出现吸收峰值；高外源 CH_4 浓度下，添加外源盐后，3 种不同盐碱程度土壤的 CH_4 吸收速率曲线变化一致，相较无外源盐添加，达到稳定的时间变短，约为培养后 184h（图 3-3）。

两种不同外源 CH_4 浓度下 3 种不同盐碱程度土壤（S_{A1}、S_{B1}、S_{C1}）均表现为随着添加盐含量的增加，CH_4 累积吸收量降低的趋势，即 $S_{A1}>S_{A2}>S_{A3}$，$S_{B1}>S_{B2}>S_{B3}$，$S_{C1}>S_{C2}>S_{C3}$（图 3-4），由单因素 AVNOA 方差分析可以发现，不同盐梯度土壤之间 CH_4 累积吸收量具有明显的差异性（$F=367.6$，$P<0.01$；$F=913.5$，$P<0.01$）。大气外源 CH_4 浓度下，轻度盐化

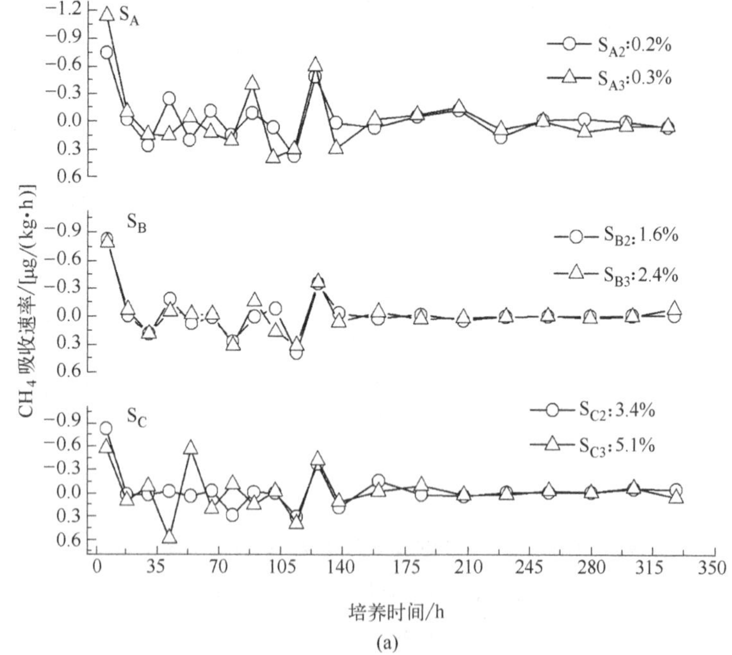

(a)

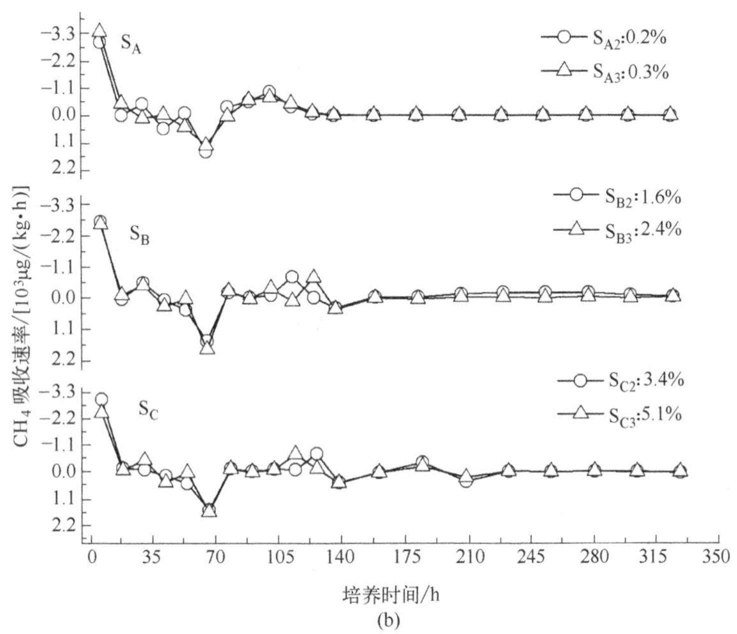

图 3-3　不同外源 CH_4 浓度下外源盐调控的不同盐碱程度土壤的 CH_4 吸收速率变化折线图

(a) 大气外源 CH_4 浓度；(b) 高外源 CH_4 浓度

土（S_{A1}～S_{A3}）盐含量在 0.1%～0.3%时，CH_4 累积吸收量分别降低 7.4%和 18.7%；强度盐化土（S_{B1}～S_{B3}）盐含量在 0.8%～2.4%时，CH_4 累积吸收量分别降低 3.7%和 9.0%；盐土（S_{C1}～S_{C3}）盐含量在 1.7%～5.1%时，CH_4 累积吸收量分别降低 1.7%和 42.3%。高外源 CH_4 浓度下，轻度盐化土（S_{A1}～S_{A3}）盐含量在 0.1%～0.3%时，CH_4 累积吸收量分别降低 0.5%和 1.4%；强度盐化土（S_{B1}～S_{B3}）盐含量在 0.8%～2.4%时，CH_4 累积吸收量分别降低 43.4%和 47.1%；盐土（S_{C1}～S_{C3}）盐含量在 1.7%～5.1%时，CH_4 累积吸收量分别降低 39.7%和 46.5%。表明：盐含量高的盐土 S_{C1} 加入外源盐后，CH_4 吸收率明显降低。两种不同外源 CH_4 浓度下，盐含量与 CH_4 累积吸收量均呈极显著负相关关系，$r=-0.8020$（$n=9$，$P<0.01$）和 $r=-0.8470$（$n=9$，$P<0.01$）（表 3-4）。

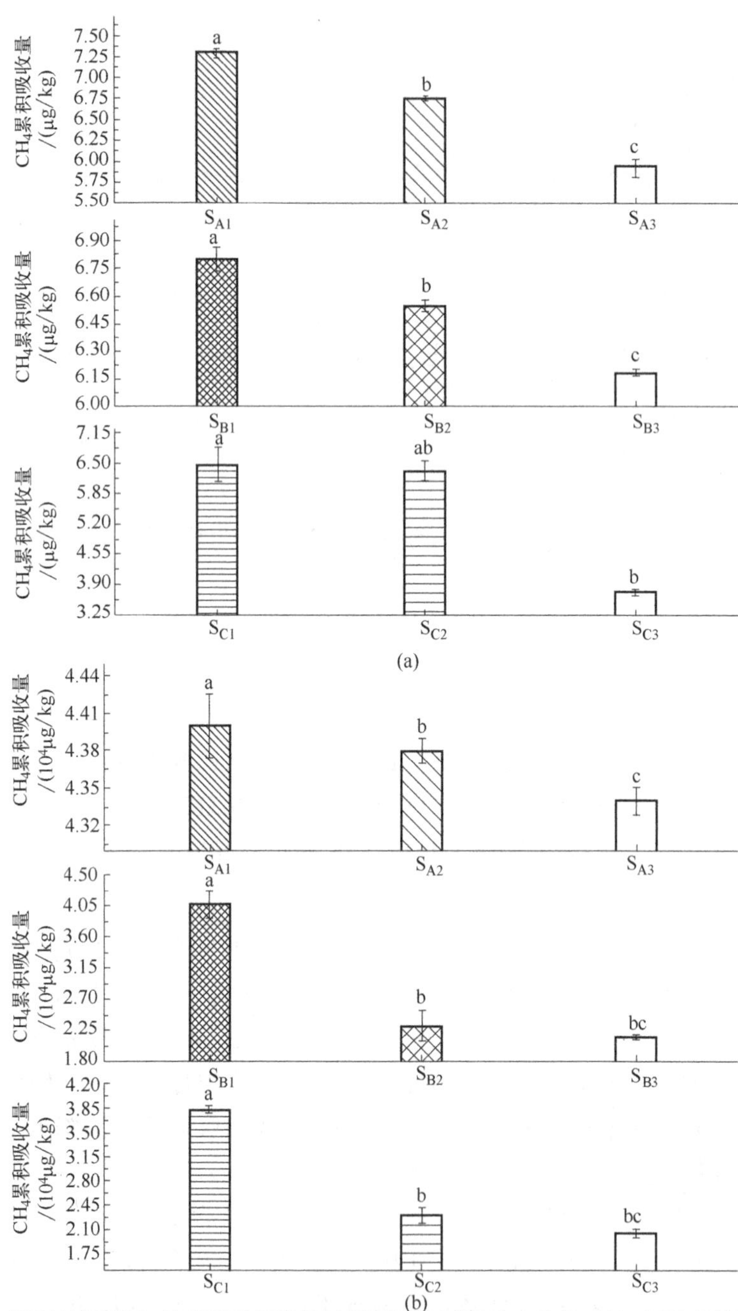

图 3-4 不同外源 CH_4 浓度下外源盐调控的不同盐碱程度土壤的 CH_4 累积吸收量柱状图

（a）大气外源 CH_4 浓度；（b）高外源 CH_4 浓度

注：不同小写字母表示不同盐碱程度土壤差异显著。

表 3-4　不同外源 CH_4 浓度下 CH_4 吸收与土壤性质的相关表（$n=9$）

CH_4 吸收与土壤性质比较	大气外源 CH_4 浓度 [(2.5±0.1)μL/L]			高外源 CH_4 浓度 [(6451.6±2.9)μL/L]		
	相关方程	相关系数 r	显著性水平 P	相关方程	相关系数 r	显著性水平 P
盐含量与 CH_4 累积吸收量	$y=-0.49x+7.07$	-0.8020^{**}	0.009	$y=-0.54x+4.25$	-0.8470^{**}	0.004
盐含量与甲烷氧化菌比活性	$y=-0.57x+2.71$	-0.6670^{*}	0.050	$y=-2.75x+13.04$	-0.8970^{**}	0.001
甲烷氧化菌比活性与 CH_4 累积吸收量	$y=0.53x+5.32$	0.6741^{*}	0.046	$y=0.18x+1.85$	0.8532^{**}	0.003

注：“*”表示 0.05 显著水平（$r>0.6667$）；“**”表示 0.01 显著水平（$r>0.7977$）。

3.3.3　外源盐影响不同盐碱程度土壤 CH_4 吸收机制

（1）盐碱土壤甲烷氧化菌丰度分析

两种外源 CH_4 浓度下，不同盐梯度土壤甲烷氧化菌丰度变化范围为 493.9copies～3030.97copies，变化范围较小，不具有显著的相关性（$P>0.05$）。大气外源 CH_4 浓度下，无外源盐添加，3 种不同盐碱程度土壤（S_{A1}、S_{B1}、S_{C1}）甲烷氧化菌丰度表现为 $S_{A1}>S_{B1}>S_{C1}$，值分别为 493.90copies、778.90copies、1474.77copies，而外源盐含量和外源 CH_4 浓度对土壤甲烷氧化菌丰度的影响不显著。

（2）盐碱土壤甲烷氧化菌比活性分析

两种外源 CH_4 浓度下，3 种不同盐碱程度土壤（S_{A1}、S_{B1}、S_{C1}）均表现为添加盐含量增加，土壤甲烷氧化菌比活性降低的趋势，即 $S_{A1}>S_{A2}>S_{A3}$，$S_{B1}>S_{B2}>S_{B3}$，$S_{C1}>S_{C2}>S_{C3}$（图 3-5），由单因素 AVNOA 方差分析可以发现，不同盐梯度土壤之间甲烷氧化菌比活性具有明显的差异性（$F=134.8$，$P<0.01$；$F=902.3$，$P<0.01$）。不同外源 CH_4 浓度下，土壤甲烷氧化菌比活性表现为：高外源 CH_4 浓度 [8.27×10^{-2}μg/(kg·copies·h)]>大气外源 CH_4 浓度 [1.63×10^{5}μg/(kg·copies·h)]。大气外源 CH_4 浓度下，轻度盐化土（S_{A1}～S_{A3}）盐含量在 0.1%～0.3%时，土壤甲烷氧化菌比活性分别降低 45.0%和 66.6%；强度盐化土（S_{B1}～S_{B3}）盐含量在 0.8%～2.4%时，土壤甲烷氧化菌比活性分别降低 63.5%和 69.5%；盐土（S_{C1}～S_{C3}）盐含量在 1.7%～5.1%时，土壤甲烷氧化菌比活性分别降低 34.3%和 77.6%。表明：盐含量高的盐土 S_{C1} 中加入外源盐后，土壤甲烷氧化菌比活性降低较

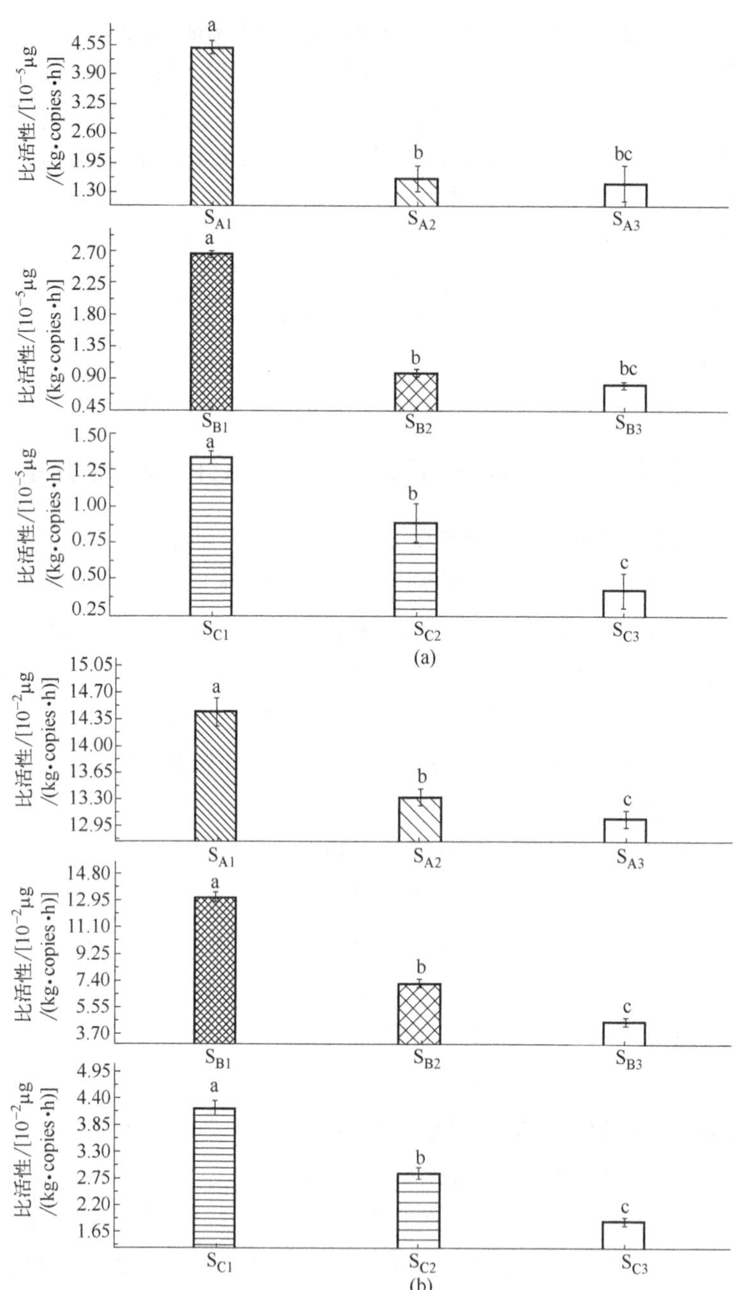

图 3-5　不同外源 CH_4 浓度下不同盐碱程度土壤中甲烷氧化菌比活性柱状图

（a）大气外源 CH_4 浓度环境；（b）高外源 CH_4 浓度环境

注：不同小写字母表示不同盐碱程度土壤差异显著。

明显。高外源 CH_4 浓度下，轻度盐化土（S_{A1}～S_{A3}）盐含量在 0.1%～0.3%时，土壤甲烷氧化菌比活性分别降低 7.8%和 9.7%；强度盐化土（S_{B1}～S_{B3}）盐含量在 0.8%～2.4%时，土壤甲烷氧化菌比活性分别降低 45.3%和 65.6%；盐土（S_{C1}～S_{C3}）盐含量在 1.7%～5.1%时，土壤甲烷氧化菌比活性分别降低 32.1%和 55.5%。表明：盐含量低的轻度盐化土 S_{A1} 外源调控盐后，土壤甲烷氧化菌比活性降低不明显，盐含量较高的土壤（S_{B1}、S_{C1}）加入外源盐后，土壤甲烷氧化菌比活性明显降低。两种外源 CH_4 浓度下，盐含量与土壤甲烷氧化菌比活性均呈显著负相关关系，$r=-0.6670$（$n=9$，$P<0.05$）和 $r=-0.8970$（$n=9$，$P<0.01$）（表 3-4）。

（3）甲烷氧化菌比活性与 CH_4 累积吸收量的响应规律

两种外源 CH_4 浓度下，甲烷氧化菌比活性与 CH_4 累积吸收量呈线性显著正相关关系，线性方程分别为：$y=0.53x+5.32$，相关系数 $r=0.6741$（$n=9$，$P<0.05$）；$y=0.18x+1.85$，相关系数 $r=0.8532$（$n=9$，$P<0.01$）（表 3-4）。表明：盐碱土壤甲烷氧化菌比活性越高，CH_4 累积吸收量越大。高外源 CH_4 浓度下，土壤甲烷氧化菌比活性与 CH_4 累积吸收量线性拟合度更高；大气外源 CH_4 浓度下，土壤甲烷氧化菌比活性降低百分数与 CH_4 累积吸收降低量呈非线性正相关关系，$r=0.8860$（$n=6$，$P<0.05$）；在高浓度 CH_4 环境下，土壤甲烷氧化菌比活性降低百分数与 CH_4 累积吸收降低量表现为线性正相关关系，$r=0.9143$（$n=6$，$P<0.05$）。表明：两种外源 CH_4 浓度下，盐碱土壤甲烷氧化菌比活性降低百分数越大，CH_4 累积吸收减少量越高。

3.4 讨论

外源盐调控的盐碱土壤盐含量在 0.1%～5.1%变化时，CH_4 累积吸收量表现为：轻度盐化土（S_A）>强度盐化土（S_B）>盐土（S_C），随着土壤盐含量的增加，CH_4 吸收速率呈降低趋势。Nanba 等（2000）通过对美国缅甸洲森林土壤的铝盐添加实验发现，不同种类的铝盐，包括 $AlCl_3$、$Al(NO_3)_3$ 和 $Al_2(SO_4)_3$ 都会抑制 CH_4 吸收，其中 $AlCl_3$ 的抑制率最高。WALan（2000）实验证明，相比较铵根离子和硝酸根离子，高浓度氯离子

会强烈抑制 CH_4 的吸收潜力。Chambers 等（2011）在圣约翰高盐湿地土壤中得到，不同浓度的盐 NaCl 对 CH_4 吸收的抑制率不同，其中，35g/kg 的 NaCl 抑制率为 55%，而 14g/kg 的 NaCl 抑制率仅为 23%，因此，高浓度的 NaCl 对 CH_4 吸收的抑制作用更强。张景峰等（2011）发现土壤 CH_4 吸收速率规律为中度盐碱土壤（EC＝7.8mS/cm）＞重度盐碱土壤（EC＝12.2mS/cm），与本研究结论一致。回归分析得出，土壤 CH_4 累积吸收量的改变 57%是由盐含量所决定的（Osudar，2015）。Nancy 等（2014）研究墨西哥湖区盐碱土壤（EC＝85.1mS/cm）发现，该区域 CH_4 吸收速率是中国黄河流域盐碱土壤（3.2mS/cm）的 900 倍，说明较高的盐含量会强烈降低 CH_4 的吸收潜力。

值得注意的是，培养时间在 0～70h 内出现了 CH_4 排放高峰值，表明好氧环境培养期间仍可能有相当数量的 CH_4 产生。CH_4 是产甲烷菌在严格厌氧条件下产生的，所以理论上 CH_4 应在极端还原条件下才能产生（丁维新，2002）。尽管培养在好氧条件下进行，但由于盐碱土壤质地较为黏重，内部可能仍然存在厌氧微环境。早期研究证明，颗粒很小的黏土能使产甲烷菌在有氧条件下存活（Wagner 等，1999）。本研究温度和土壤质量含水率恒定，土壤 CH_4 产生主要应受盐碱土壤中产甲烷菌丰度和活性的影响，而产甲烷菌的丰度和活性影响土壤电动势，即适合的厌氧微环境。同时，本研究中甲烷氧化菌丰度与 CH_4 吸收潜力没有表现出一致的规律性，说明在不同的培养期内甲烷氧化菌可能和产甲烷菌共同作用，共同竞争碳源，较高的土壤含盐量可能降低土壤水势，导致甲烷氧化菌出现生理性缺水，从而降低土壤 CH_4 吸收（闵航等，2002）。由于培养土壤内部可能仍然存在适合产甲烷菌活动的厌氧微环境，所以当产甲烷菌的数量和活性达到一定程度时，就会使得 CH_4 的产生量超过氧化量，可能导致 CH_4 排放现象的出现。好氧条件下 CH_4 的产生已为诸多研究所证实。徐华等（2008）发现水稻土在好氧条件下仍有相当数量的 CH_4 产生；Boeckx 等（1991）研究比利时 10 种不同草地土壤质地 CH_4 吸收潜力发现，重黏质土和黏质土均出现 CH_4 排放现象；王长科等（2008）研究亦表明，好氧培养条件下，旱田表层土壤 CH_4 的吸收潜力为 0，反而表现为 CH_4 排放特征。

本研究表明盐碱土壤甲烷氧化菌比活性和土壤盐含量呈负相关关系，即土壤盐含量增加，甲烷氧化菌比活性降低。盐含量是影响土壤微生物活性的重要因素之一，其中甲烷氧化菌已经被证实广泛存在于盐碱土壤中（Chambers 等，2000)，土壤盐含量与甲烷氧化菌的群落结构（包括种类、丰度、多样性以及比活性等因素）高度相关（César 等，2012；Lin 等，2015），土壤对 CH_4 的氧化能力受甲烷氧化菌多样性的显著影响，MOB Ⅰ 和 MOB Ⅱ 的多样性与土壤对 CH_4 的氧化活性有一致的趋势（郑聚锋等，2008)。Osudar 等（2015）比较德国南部土壤，证实影响甲烷氧化菌比活性的两个重要因素分别是外源 CH_4 浓度和土壤盐含量。盐含量高的盐碱土壤，甲烷氧化菌比活性低，可能的原因是甲烷氧化菌种群的另外一种 pMMO 酶在盐碱化程度高的土壤中停止表达（邓永翠和崔骁男，2013)。有研究发现只有在外源 CH_4 浓度＞30nmol/L 时，CH_4 吸收速率与盐含量才呈显著负相关，相关系数 $r=-0.39$（Osudar，2015)。

不同外源 CH_4 浓度下，土壤 CH_4 累积吸收量表现为：高外源 CH_4 浓度（$4.10\times10^4\mu g/kg$）远远大于大气外源 CH_4 浓度（$6.85\mu g/kg$）。当外源 CH_4 浓度较高时，盐含量较低的土壤起始消耗 CH_4 的速度较快（Middelburg 等，2012)，可能的原因是外源碳充足的环境下，低盐土壤中甲烷氧化菌比活性更强。Aronson 等（2010）发现过高的铵离子也会抑制甲烷氧化菌的比活性大小。因此，随着土壤盐含量的增加，土壤甲烷氧化菌比活性降低，CH_4 累积吸收量亦降低。杨铭德等（2015）通过对 3 种不同盐含量土壤的室内培养实验以及荧光定量 PCR 技术发现，土壤甲烷氧化菌比活性是解释土壤氧化潜力的根本原因。杨芊葆等（2010）的研究也表明暗棕土壤中甲烷氧化菌的比活性与 CH_4 累积吸收量有显著正相关关系。

3.5 结论

① 两种不同外源 CH_4 浓度下，无外源盐调控，3 种不同盐碱程度土壤（S_{A1}、S_{B1}、S_{C1}）均表现为随着盐碱程度的增加，CH_4 累积吸收量降低的趋势；轻度盐化土（S_{A1}）吸收最多，强度盐化土（S_{B1}）次之，盐分含量高的盐土（S_{C1}）CH_4 吸收最低。

② 两种不同外源 CH_4 浓度下，外源盐加入 3 种不同盐碱程度土壤中后，对 CH_4 的影响不尽一致。外源盐加入，随土壤盐分水平升高，盐土 CH_4 累积吸收量最低，强度盐化土累积吸收量较高，轻度盐化土累积吸收量最高。

③ 两种不同外源 CH_4 浓度下，3 种不同盐碱程度土壤随添加盐含量增

加，甲烷氧化菌比活性均降低，盐含量低的轻度盐化土 S_{A1} 中加入外源盐后，土壤甲烷氧化菌比活性降低不明显，盐含量较高的土壤（S_{B1}、S_{C1}）中加入外源盐后，明显降低土壤甲烷氧化菌比活性。甲烷氧化菌比活性越高，CH_4 累积吸收量越大；盐碱土壤甲烷氧化菌比活性变化量越大，CH_4 累积吸收变化量亦越大。

第4章

外源盐对盐碱土壤无机碳淋溶特征的影响

4.1 引言

目前，全球变暖问题日趋严重，碳循环也因此备受重视。在气候变化的背景下，如何减少碳排放，增加碳储能，已成为人类社会关注的热点问题之一（Fung 等，2005）。自工业革命以来，人类活动使大气中 CO_2 迅速增加，科学家们在进行全球碳平衡估算的研究中发现，全球碳预算不能平衡，被称为“碳失汇”（Schindler，1999；Melnikov 等，2006）。地球陆地生态系统土壤、地下水及地层岩石为大量 CO_2 的捕获和储存提供了可能（IPCC，2005）。科研人员在寻找“碳失汇”的过程中发现，陆地表面大约 41%的干旱及半干旱盐碱区是全球碳收支的重要组成部分（Lal 等，2004；Stone，2008）。国内外研究人员先后在中国新疆古尔班通古特沙漠和美国莫哈韦盐生沙漠发现土壤正默默地以无机碳的形式大量吸收导致全球变暖的 CO_2，表明丢失的碳汇很可能存在于分布广泛的盐碱土壤中（Wohlfahrt 等，2008；Xie 等，2009）。进一步研究表明，盐碱土壤下的地下咸水层可能隐藏着一个巨大的无机碳库（Ma 等，2014；Li 等，2015）。盐碱土壤捕获的 CO_2 会形成溶解性无机碳（DIC），并通过绿洲农田灌溉、洗盐和荒漠区洪水及地下水波动，经土壤带向下淋溶运移进入地下咸水层，参与地球化学风化过程，成为碳汇（Penélope 等，2010；Tsypin，2011；Fa 等，2016；法科宇等，2018）。Monger 等（2015）指出，全球地下水碳汇量可达 1404Pg C，大于土壤碳酸盐固碳量（695～940Pg C）。这激发了人们对碳固存可能机制的极大兴趣，然而盐碱土壤下碳汇的固存位置和潜在机制仍存在相当大的不确定性（Liu 等，2015；李彦等，2016；Schlesinger，2017）。

目前，国内外有关土壤无机碳淋溶的研究多见于热带森林土壤及高降水和高灌溉地区，而且多采用野外原位监测、渗漏淋溶取样的方法（Liu 等，2011；Kindler 等，2011；David 等，2011）。野外工作受外部环境及人为因素影响较大，而且难以收集淋溶液，导致测得的数据不够准确（赵长盛等，2011）。回填土柱系统操作简单，可模拟各种自然条件，可通过控制实验研究各物质与元素在不同土层及土壤溶液中的迁移转化以探究其内在机制，目前已被广泛应用（曹建华等，2004；赵长盛等，2011；高德才等，2015），但利用室内土柱淋溶模拟无机碳运移转化机制的研究鲜有报道。此外，干旱盐碱区高风化土壤-地下水中无机碳的固存机制尚不清楚，回归分析可以准确地计量各个因素之间的相关程度与回归拟合程度的高低，可通过回归分析揭示盐碱土壤无机碳淋溶的关键。

因此，本研究选取内蒙古河套盆地东部轻度盐碱土壤，利用室内土柱淋溶模拟实验，通过调节土壤电导率结合回归分析，模拟无机碳在不同盐碱程度土壤中随渗滤液向下运移渗透的特征及转化机制，以探究外源盐对盐碱土壤无机碳淋溶特征的影响，以期为干旱盐碱区地下水固存 CO_2 的潜在碳汇功能及大气-土壤-地下水的运移机制研究提供重要参考，并为减缓温室气体和“碳失汇”提供科学依据。

4.2 材料与方法

4.2.1 研究区概况

内蒙古河套盆地为形成于侏罗纪晚期的中新生代断陷盆地，位于内蒙古自治区西部的巴彦淖尔盟，北依阴山山脉的狼山，南临黄河，西接乌兰布和沙漠（周殷竹，2014）。由于长期引黄灌溉，大量人工水系贯穿盆地内部，形成了干旱区人工灌溉独有的水环境。地质结构、农业管理和气候特征决定了盆地地下水运移过程为灌溉（降雨）—入渗—潜水蒸发类型，补给来源主要是引黄灌溉入渗，占总补给量的 76.5%，其次是降水入渗，占总补给量的 23.1%，侧向补给很少（郝芳华等，2008）。黄河灌溉水和洗盐水的大量渗透使地下水水位抬高，东南部埋深较浅，为 1.0～2.5m，经蒸发浓缩使土壤表层积盐，导致土壤盐渍化严重。土壤主要由第四纪沙湖相红棕色黏土组成，土壤颗粒细、渗透性能差，导致地下水径流滞缓，咸水广布，地下水与土壤水存在十分密切的联系（杜军等，2010）。研究区位于乌拉特前旗（108°11′～109°54′E，40°28′～41°16′N），河套盆地东部，总面积为 $7476km^2$，其中，轻度盐化面积占 52.83%，中度盐化面积占 31.94%，重度盐化面积占 15.23%（李新等，2016）。该地区属中温带大陆性季风气候，年平均降水量为 200～250mm，主要发生在 7～9 月，蒸发量为 1900～2300mm，年平均气温为 5.6～7.8℃。

4.2.2 供试土壤

供试土壤采自内蒙古河套盆地东部乌拉特前旗轻度盐碱地（EC=0.899mS/cm），采用梅花布点法隔5cm均匀布设5个点，设置2个重复，按20cm间隔分层采集不同深度土壤，由于研究区地下水位埋深为1.0m左右，采样深度设置为100cm（0～20cm、20～40cm、40～60cm、60～80cm、80～100cm）。采集的土样带回实验室经风干、磨碎过2mm筛后备用。供试土壤基本理化性质见表4-1。

表4-1 供试土壤基本理化性质

土壤编号	pH值	EC /(mS/cm)	SOC /(g/kg)	SDIC /(g/kg)	SIC /(g/kg)	ρ_b /(g/cm^3)
S_0	8.55±0.07	0.899±0.25	5.69±0.34	0.32±0.09	91.04±6.66	1.35±0.03

4.2.3 试验装置

试验装置如图4-1所示，采用内径7.5cm、壁厚3mm、高120cm的有机玻璃柱，装置分为4部分，包括进水系统、淋溶土柱管、接收部分和支架。

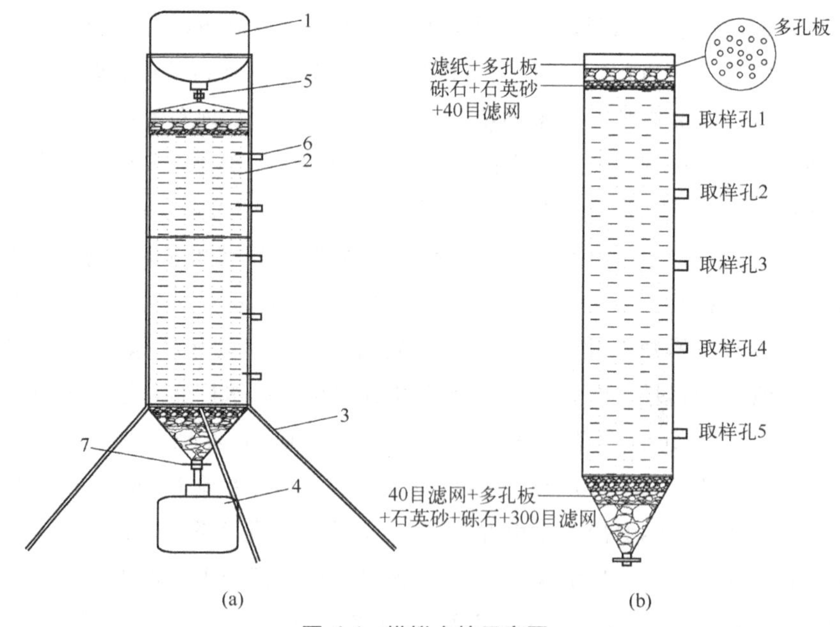

图4-1 模拟土柱示意图

1—进水系统；2—淋溶土柱管；3—接收部分；4—支架；5—布水器；6—取样孔；7—三通阀

上层是进水系统，喷头式布水器带流速调节器可保证淋溶的均匀性和稳定性；中层是淋溶土柱管［图 4-1（b）］，侧壁在 10cm、30cm、50cm、70cm、90cm 处预留取样孔，每个取样孔配有防渗水橡皮塞，不取样时用橡皮塞堵住；下层接收部分用收集瓶收集淋出液，接口密封以防空气进入。

4.2.4　试验方法

（1）盐碱土壤制备

根据调查资料，在内蒙古河套盆地盐碱化进程中，盐分主要为 NaCl（汪敬忠等，2013；刘文波，2015），因此，本研究利用 NaCl 调节土壤电导率。经查阅文献，全球盐碱土壤电导率可达 80mS/cm 左右，因此，本试验设置 4 个电导率梯度，依次为 10mS/cm、20mS/cm、40mS/cm、80mS/cm（编号为 S_1～S_4），每个处理重复 2 次，加上原土（S_0，0.899mS/cm）对照共计 10 个土柱。按实测容重分层装填土柱，每层（20cm）土壤装填量为 1192g（装填量$=\pi\times3.75^2\times20\times1.35$）。根据加盐后土壤电导率与加盐量的线性方程（$y=20.228x+8.054$，$R^2=0.9953$），计算不同电导率的加盐量。采用逐级混匀的方法，先将盐分与少量土壤混匀，再将少量土壤与大量土壤混匀，直到所有土壤混匀后放置老化 90d，使土体恢复到自然结构（郑顺安等，2018），然后风干过 2mm 筛用于土柱回填。

（2）土柱回填

回填前土柱管内壁涂抹一层凡士林以减少边壁优势流，从下往上依次填充过滤层、承托层、工作层、配水池、滞水层。过滤层包括滤网、粗细石英砂、砾石，厚度为 10cm，石英砂用 2.0mol/L 的稀硫酸浸泡过夜，用纱布包住，防止土壤颗粒随淋出液流出；承托层为多孔板，可防止土体变形；工作层即所研究的土壤，厚度为 100cm，按 20cm 间隔分层装填土柱，控制每层土壤的含水率均为 20%（同原土），边填充边轻敲柱壁，以使填充土壤均匀、密实，每装填 5cm 压实；配水层填充物为砾石、粗石英砂和滤网，厚度为 5cm，可减少淋溶过程中水对土柱表面的冲刷；滞水层为中速滤纸和多孔板。土柱回填后，悬放在室内 25℃下静置平衡 2d。

（3）淋溶实验

由于该地区年平均灌溉量存在争议，因此，本试验根据当地年平均降水量（213.5mm）设置淋溶量为 750mL。由进水系统加去离子水由上而下浸润到土柱中，直到土体充分饱和继续淋溶。研究区土壤为黏土质地，渗水较慢，采用间歇淋溶的方式，每 4d 淋一次，750mL 共淋 3d，每天淋溶 250mL，调节淋溶速率为20mL/h（中雨雨量），连续淋溶12h。每15d为一轮淋溶，共淋溶4轮，历时92d。不同处理土壤指标参数见表4-2。

表4-2　不同电导率处理下土壤指标参数

土壤编号	EC/(mS/cm)	土壤质量/g	含水量/%	含盐量/%	淋溶量/mL
S_0	0.899	1192	20	0.3	750
S_1	10	1192	20	1.0	750
S_2	20	1192	20	5.9	750
S_3	40	1192	20	15.8	750
S_4	80	1192	20	35.6	750

（4）样品采集与测定

从淋溶第6天开始采集淋溶液，前期2～3d取一次，之后每7d采集一次。淋出液经0.45μm滤膜过滤，测定理化性质及溶解性无机碳（DIC）。土壤样品在每轮淋溶之后采集，从侧壁取样孔取土样7.00g进行风干研磨（取样量较少，土柱结构变形微弱），用于土壤可溶性无机碳（SDIC）的分析测定。4轮淋溶结束后，测定土壤理化性质、SDIC及难溶性无机碳（SIC）。样品测定项目及方法如表4-3所示。

表4-3　淋出液及土壤样品测定项目及方法

测定项目	测定方法
pH值、电导率(EC)	HQ40d多参数水质分析仪(精度±1%,美国Hach)
淋出液DIC(HCO_3^-)	碱度测试盒(精度±5%,德国Merck)
土壤SDIC(HCO_3^-、CO_3^{2-})	双指示剂中和滴定法
土壤SIC($CaCO_3$)	气量法

（5）数据处理与分析

采用Origin Pro 2018和Excel 2016软件进行数据处理与制图，利用SPSS 22.0统计软件进行方差分析（ANOVA）。应用回归分析法对电导率梯度2次重复实验设计进行数据处理（冯力，2004）。土壤可溶性无机碳（SDIC）由测得的HCO_3^-含量与CO_3^{2-}含量相加得到。

4.3　结果与分析

4.3.1　不同电导率处理下淋出液及土壤理化性质

（1）淋出液EC和pH值变化特征

由图4-2可知，5个处理下淋出液EC随处理电导率的增大而增大，变化

特征为 S_0＜S_1＜S_2＜S_3，S_4 与 S_3 处理无差异，其中，S_2（EC＝20mS/cm）、S_3（EC＝40mS/cm）和 S_4（EC＝80mS/cm）处理淋出液 EC 相对较高，变化范围分别为 197.7～227.5mS/cm（S2）和 233.3～247.25mS/cm（S_3 和 S_4），随淋溶时间呈不明显的先增后降趋势；S_0（EC＝0.899mS/cm）和 S_1（EC＝10mS/cm）处理淋出液 EC 在 19.11～71.24mS/cm 之间，随时间逐渐降低，S_1 处理淋出液 EC 从第 3 轮淋溶开始降低趋势更为明显。淋出液 pH 值随电导率的增大而降低，与 EC 变化趋势相反。其中，S_2～S_4 处理的 pH 值相对较低（6.36～7.17），而且随时间变化没有明显规律；S_0 和 S_1 处理的 pH 值在 7.05～8.05 之间，S_1 处理的 pH 值随时间逐渐增加，从第 3 轮淋溶开始高于 S_0 处理。

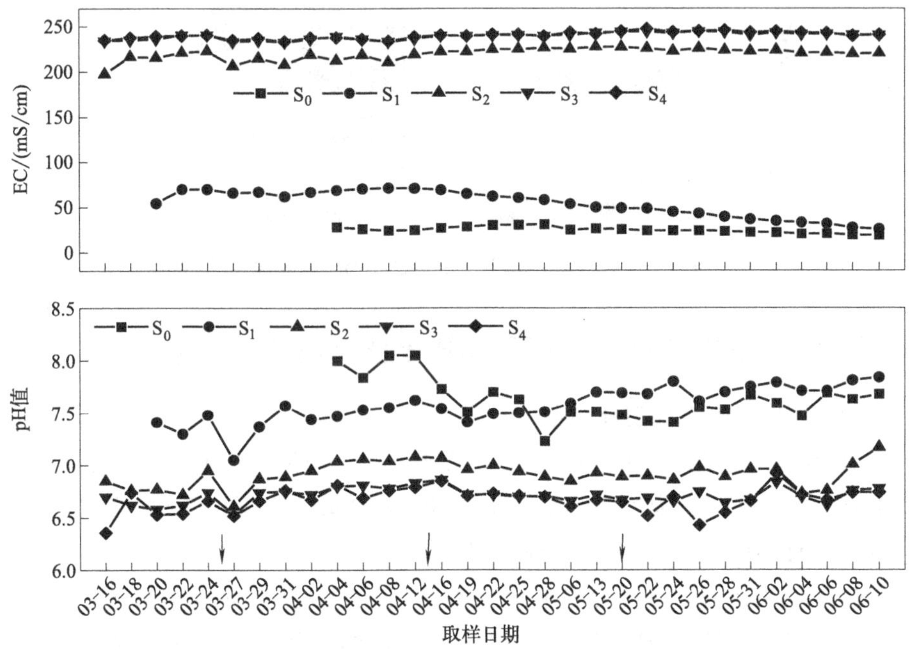

图 4-2　不同电导率处理下淋出液 EC 和 pH 值随时间的变化
（图中箭头表示第 2～4 轮淋溶开始日期）

（2）土壤 EC 和 pH 值变化特征

如图 4-3 所示，淋溶结束后土壤 EC 相比于淋溶前均增大，而且随深度增大，表现为 EC(0～30cm)＜EC(30～60cm)＜EC(60～100cm)。土壤 pH 值相比于淋溶前（pH＝8.55）有所增加，变化范围为 8.32～9.49，而且随电导率的增加呈先增后降的趋势，在 0～30cm 和 30～60cm 深度，S_2(EC=20mS/cm) 处理土壤的 pH 值最高，S_4(EC=80mS/cm) 处理土壤的 pH 值最低，在 60～100cm 深度，S_1(EC=10mS/cm) 处理土壤的 pH 值最高，S_4 处理土壤的 pH 值最低；不同处理土壤的 pH 值整体随深度增加而降低，表层土壤的 pH 值最高。

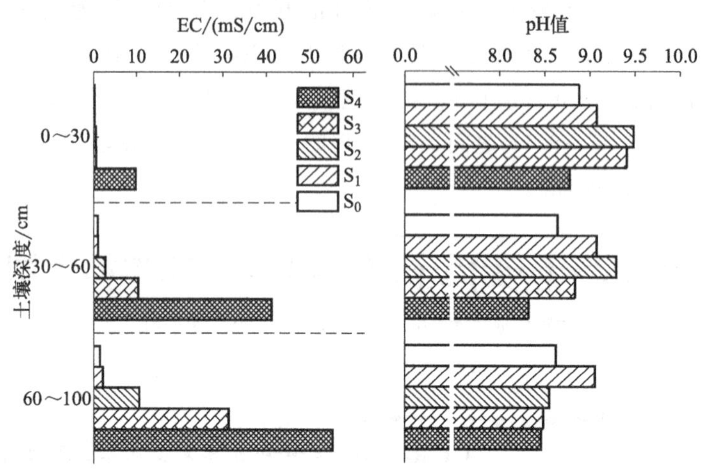

图 4-3 不同电导率处理下土壤 EC 和 pH 值随深度的变化

4.3.2 不同电导率处理下淋出液及土壤无机碳特征

(1) 淋出液 DIC 变化特征

由图 4-4 可知，淋出液溶解性无机碳 (DIC) 的变化特征基本同淋出液 pH 值，随电导率的增大而降低。S_0 和 S_1 处理的 pH 值在 7～8 之间，DIC 主要以 HCO_3^- 形式存在，浓度范围为 115.9～431.58mg/L，其中，S_1(EC=10mS/cm) 处理 DIC 随时间逐渐增加，从第 3 轮淋溶后高于 S_0 处理；S_2～S_4 处理的 pH 值为 6.36～7.17，淋出液中 H_2CO_3 含量较高，HCO_3^- 相对较低，基本在 80mg/L 以下，而且随时间略有增加，S_2 处理的增加趋势相对明显。每轮淋溶 DIC 平均含量关系为：第 1 轮淋溶 (135.22mg/L)<第 2 轮淋溶 (203.21mg/L)<第 3 轮淋溶 (229.52mg/L)<第 4 轮淋溶 (332.61mg/L)。如果继续淋溶，以上趋势还将继续保持。

(2) 土壤 SDIC 变化特征

如图 4-5 所示，土壤可溶性无机碳 (SDIC) 中 HCO_3^- 占主导，SDIC 整

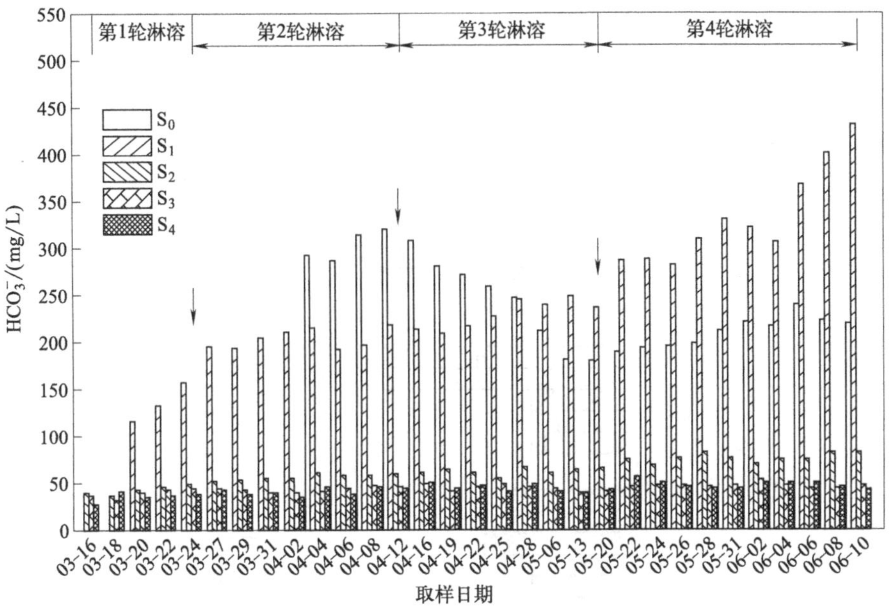

图 4-4　不同电导率处理下淋出液 DIC 随时间的变化（图中箭头表示第 2～4 轮淋溶开始日期）

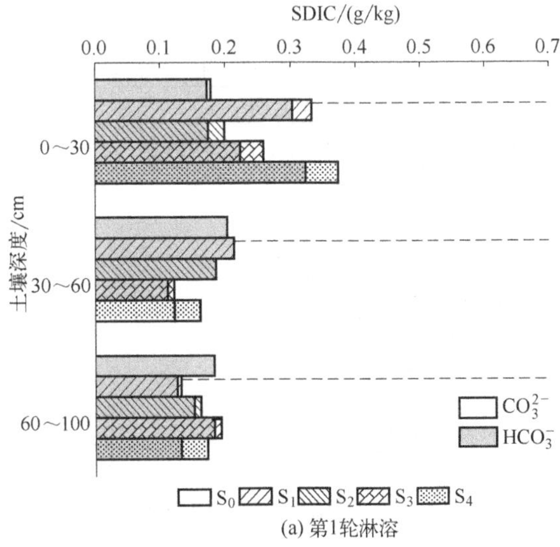

(a) 第1轮淋溶

图 4-5

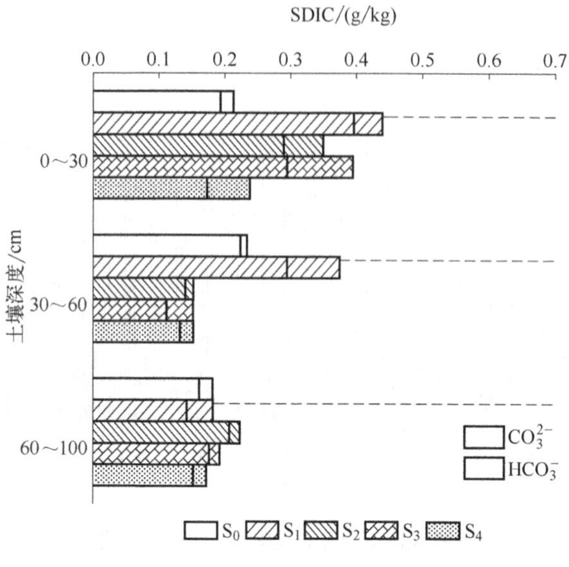

(b) 第2轮淋溶

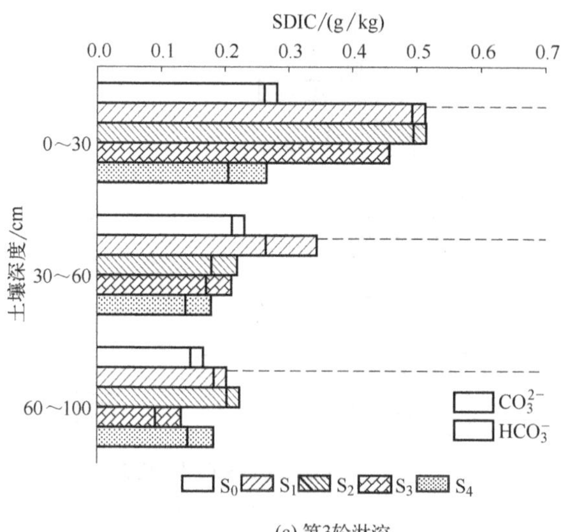

(c) 第3轮淋溶

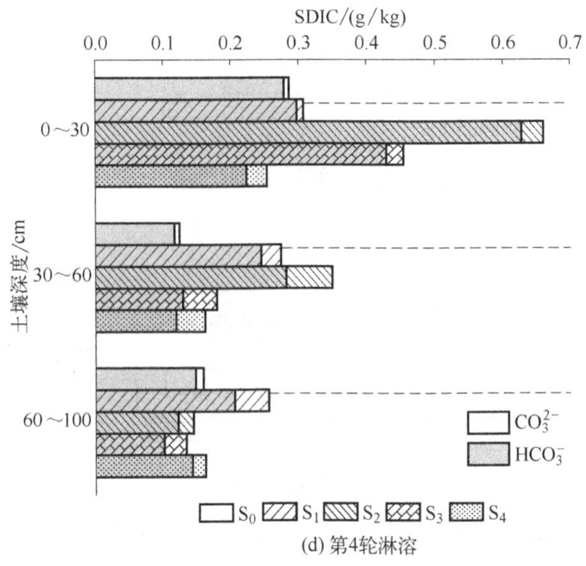

图 4-5　不同电导率处理下土壤 SDIC 随深度的变化

体随淋溶时间有所增加，S_2 处理的增加趋势更为明显（0.20～0.66g/kg），在第 4 轮淋溶后达到最大值；SDIC 含量随电导率的增大呈先增后降的趋势，电导率 10～40mS/cm 处理下的 SDIC 含量高于电导率 0.899mS/cm 和 80mS/cm 处理下的；SDIC 含量随土壤深度增加而降低，表层（0～30cm）土壤中 SDIC 含量最高。加盐处理土壤 CO_3^{2-} 高于对照处理 S_0，不同电导率处理土壤 CO_3^{2-} 随淋溶时间呈逐渐下降的趋势，在前两轮淋溶后表层土壤 CO_3^{2-} 相对较高，后两轮淋溶后中间层和底层 CO_3^{2-} 高于表层。

（3）土壤 SIC 变化特征

如图 4-6 所示，不同处理下土壤难溶性无机碳（SIC）含量相比淋溶前（91.04g/kg）均增加，S_0～S_2 处理土壤表层 SIC 含量较低，在深层（60～100cm）积聚；S_3 和 S_4 处理 SIC 含量低于其他处理，在表层积聚，随深度增加而降低。土壤 SIC 含量随电导率的增加呈先增后降的趋势，在 0～30cm 和 60～100cm 深度，S_1（EC＝10mS/cm）处理土壤 SIC 含量最高（可达 128.91g/kg）；在 30～60cm 深度，S_2（EC＝20mS/cm）处理土壤 SIC 含量最高，S_4（EC＝80mS/cm）处理土壤 SIC 含量最低。

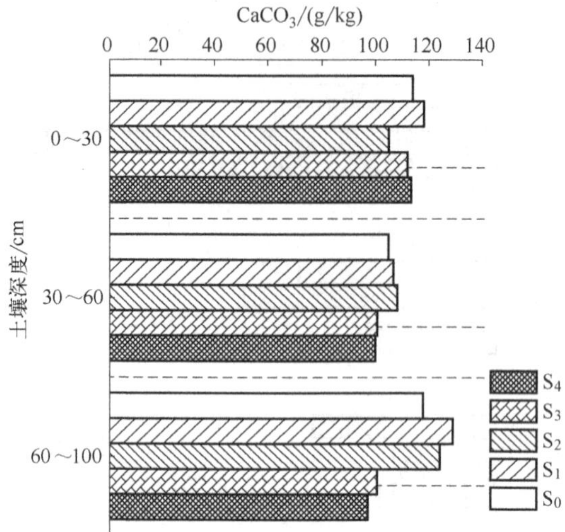

图 4-6 不同电导率处理下土壤 SIC 随深度的变化

（4）淋溶结束后淋出液 DIC 与土壤无机碳平均含量

由图 4-7 可知，土壤难溶性无机碳明显高于可溶性无机碳。淋出液 DIC 和土壤 SDIC、SIC 都随电导率的增大呈先增后降的变化趋势，其中，淋出液

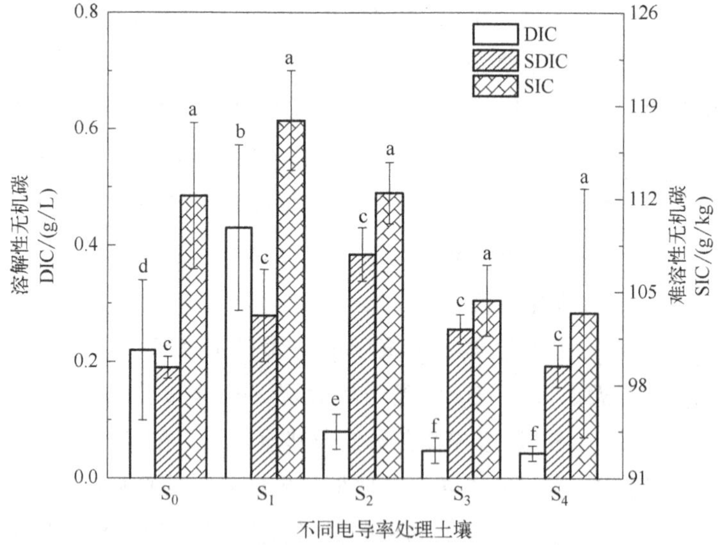

图 4-7 淋溶后不同电导率处理下淋出液 DIC 与土壤无机碳平均含量 ［淋出液 DIC 采用最后两次取样平均含量，土壤无机碳为不同深度平均含量，不同小写字母表示不同电导率处理下无机碳含量差异显著（$P<0.05$）］

DIC 和土壤 SIC 变化趋势一致，均在 S_1（EC＝10mS/cm）处理下达到最高值，S_4 处理下最低，而土壤 SDIC 在 S_2（EC＝20mS/cm）处理下高于其他处理。此外，S_0 和 S_1 处理的淋出液 DIC 高于土壤 SDIC，DIC 更易从土壤中浸出。不同电导率处理下无机碳总量表现为 $S_1>S_2>S_0>S_3>S_4$，因此，土壤电导率为 0～20mS/cm 更有利于无机碳的运移转化及固存。

（5）淋出液及土壤无机碳影响因素

如图 4-8（a）和（b）所示，淋出液 DIC 随 EC 的增加而线性降低，呈显著负相关（$R^2=0.86$，$P<0.01$），随 pH 值的增大而线性增加，呈显著正相关（$R^2=0.94$，$P<0.01$）。如图 4-8（c）和（d）所示，土壤 SDIC 随土壤 EC 的增大呈指数降低趋势，呈显著负相关（$R^2=0.38$，$P<0.05$），随土壤 pH 值的增大而线性增加，呈显著正相关（$R^2=0.81$，$P<0.01$）。如图 4-8（e）和（f）所示，土壤 SIC 与土壤 EC 呈显著负相关（$R^2=0.34$，$P<0.05$），即土壤 SIC 随 EC 的增大而降低，随土壤 pH 值的增大呈增加趋势，但无明显相关性（$R^2=0.06$，$P>0.05$）。淋出液及土壤溶解性无机碳（DIC 和 SDIC）与 pH 的相关系数高于其与 EC 的相关系数，而土壤难溶性无机碳（SIC）与 EC 的相关系数高于其与 pH 的相关系数。因此，pH 和 EC 都是影响土壤及淋出液无机碳的重要因素，其中，pH 对溶解性无机碳的影响高于 EC，而土壤难溶性无机碳主要受 EC 影响。

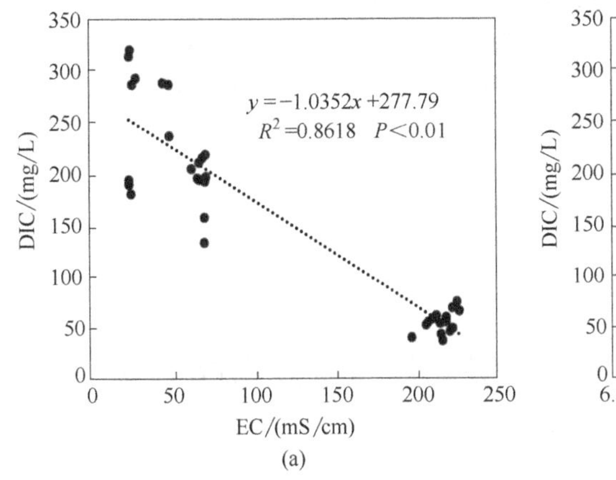

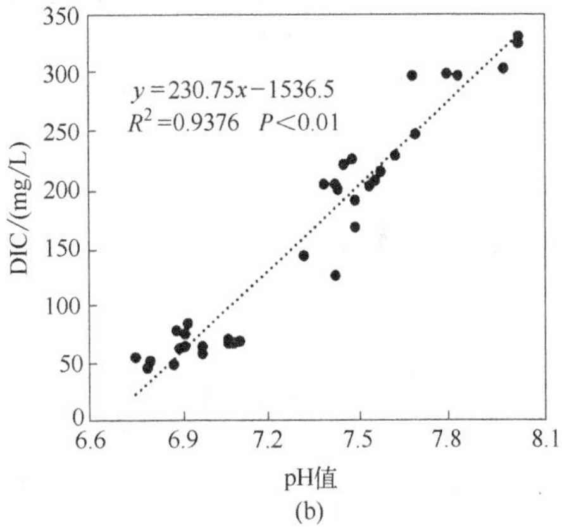

图 4-8

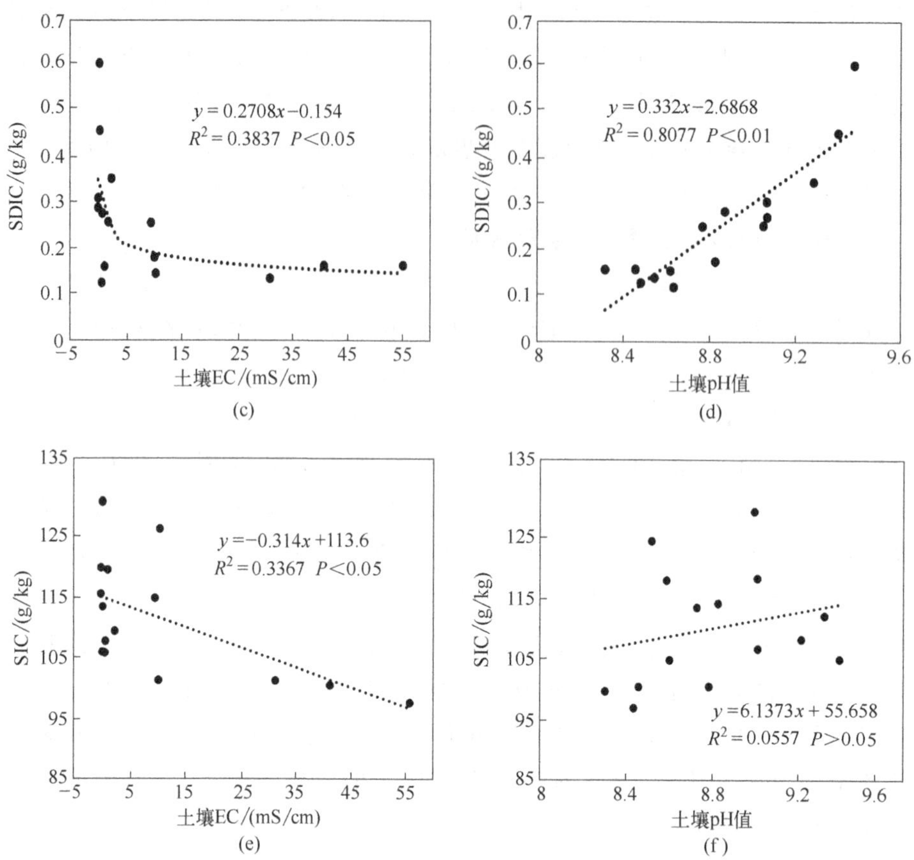

图 4-8 淋出液及土壤无机碳与 EC、 pH 值的相关性回归分析

(a) 和 (b) 为淋出液 DIC 与 EC、pH 值的相关性回归分析；(c) 和 (d) 为土壤 SDIC 与 EC、pH 值的相关性回归分析；(e) 和 (f) 为土壤 SIC 与 EC、pH 值的相关性回归分析

4.4 讨论

4.4.1 不同电导率处理下无机碳淋溶特征及影响因素

溶解性无机碳（DIC）主要有 CO_2、H_2CO_3、HCO_3^-、CO_3^{2-} 4 种形式，在水中的转化关系为 $CO_2\,(aq) + H_2O \rightleftharpoons H_2CO_3\,(aq) \rightleftharpoons HCO_3^- \rightleftharpoons CO_3^{2-}$，其存在形式取决于水中 pH 值的变化范围。当 pH<7 时水中 CO_2 和

H_2CO_3 相对较高；pH 值升高反应向右移动，pH 值为 7～9 时，DIC 主要以碳酸氢根（HCO_3^-）的形式广泛存在；当 pH 值再升高时，碳酸根（CO_3^{2-}）占主导地位（Liu 等，2018）。本实验结果显示，S_0 和 S_1 处理淋出液 pH 值为 7.05～8.05，DIC 主要以 HCO_3^- 形式存在，且在 S_1（10mS/cm）处理下 HCO_3^- 随 pH 值升高和淋溶时间延长而持续增加；S_2～S_4 处理淋出液 pH 值为 6.36～7.17，说明淋出液中 H_2CO_3 浓度较高。土壤 pH 值为 8.32～9.49，土壤可溶性无机碳（SDIC）主要为 HCO_3^-。S_2～S_4 处理下淋出液 EC 明显高于 S_0 和 S_1 处理，且都高于淋溶前土壤 EC，而淋溶后土壤 EC 明显降低，说明在淋溶作用下土壤中的盐基离子会随淋出液向下浸出。

由图 4-7 可知，土壤及淋出液无机碳均随电导率的增加呈先增后降的变化趋势，S_0～S_2 处理淋出液 DIC 和土壤 SIC 含量均高于 S_3、S_4 处理，高电导率（40mS/cm 和 80mS/cm）处理使土壤及淋出液无机碳含量均降低，这与本研究野外试验结果和白曙光等（2018）对不同盐碱程度土壤碳剖面分布特征的研究结果相一致。淋出液 DIC 和土壤无机碳均随淋溶时间延长逐渐增加，说明在淋溶过程中，无机碳一部分以 DIC 的形式随淋溶液淋出，另一部分以 SDIC 和 SIC 的形式存在于土壤中。陆晴等（2013）通过选择干旱区不同含盐量土壤（EC 变化范围为 0.23～2.86mS/cm），探讨了土壤含盐量对无机碳淋溶的影响，结果表明土壤含盐量越高，淋溶过程得到的无机碳总量越大，这与本试验 S_0 和 S_1 处理下的结果一致。王玉刚（2013）对中国古尔班通古特沙漠无机碳的研究表明，土壤中 SDIC 含量占无机碳总量的 20%以上，其停留时间短，输入率高，易随土壤溶液浸出，且盐土剖面中 SDIC 和 SIC 含量远大于碱土，其中约有 80%以上的土壤无机碳储存在 1m 深度以下。

本试验淋出液 DIC 与 EC、pH 值的相关性和实地采样地下水 DIC 与 EC、pH 值的相关性基本一致（图 4-9），即淋出液 DIC 与 EC 呈显著负相关，与 pH 值呈显著正相关。马杰等（2013）的研究表明，当土壤含水量低时，无机碳通量对总通量的贡献较高，并随着土壤 pH 值的增加呈线性上升的趋势。王忠媛等（2013）研究显示，土壤含盐量对盐碱土无机碳通量有影响，但整体效果不显著，表现为在含盐量差异较大时，高盐分土壤无机碳通量显著小于低盐分土壤，在含盐量差异较小时，无机碳通量差异不显著。

4.4.2　大气-土壤-地下水碳运移机制探讨

由以上分析可知，S_0～S_2 处理表层土壤 SIC 含量低于深层土壤，这是由

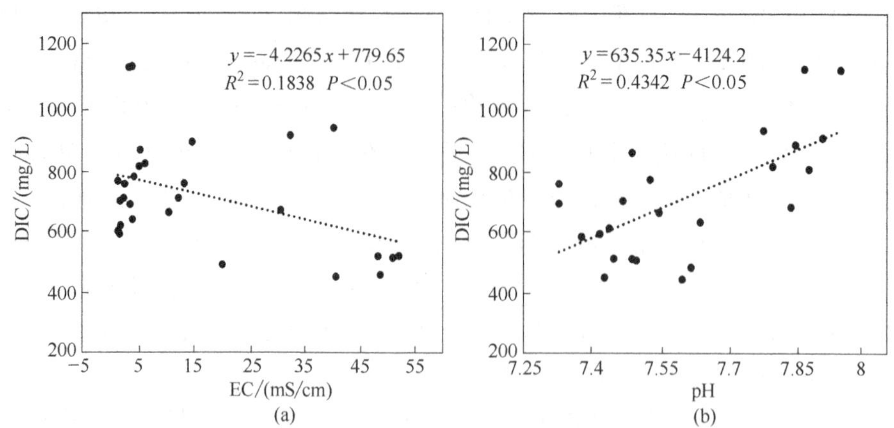

图 4-9 研究区地下水 DIC 与 EC、pH 的相关性回归分析

于表层土壤与大气接触，CO_2 在淋溶作用下进入土壤参与土壤 $CaCO_3$ 风化反应 [$CO_2(aq)+H_2O+CaCO_3(s)\rightleftharpoons Ca^{2+}+2HCO_3^-$]，生成溶解性无机碳（$HCO_3^-$），使 SIC 含量降低（图 4-6），SDIC 及淋出液 DIC 含量增加（图 4-5 和图 4-7），同时 SIC 还会通过淋溶作用向土壤深层聚积。David 等（2011）研究表明，在减少耕作和作物覆盖下，土壤溶液中过饱和的 CO_2 使 DIC 浓度升高。Kindler 等（2011）研究表明，土壤溶液中固存的 DIC 往往与土壤空气 CO_2 相关，土壤空气中的 CO_2 分压和土壤 pH 决定了 DIC 的浓度与通量。S_3 和 S_4 处理土壤 SIC 在表层土壤聚积，随深度增加而降低，这是由于氯化钠随淋溶液向下运移，深层土壤较高浓度的氯化钠会与碳酸钙发生反应 [$2NaCl(aq)+CaCO_3(s)\rightleftharpoons 2Na^++Ca^{2+}+2Cl^-+CO_3^{2-}\rightleftharpoons Na_2CO_3(s)+CaCl_2(aq)$]，使 SIC 含量降低（图 4-6），而这使表层 CO_2 和 $CaCO_3$ 平衡反应向左移动 [$CaCO_3(s)+H_2CO_3(aq)\longrightarrow Ca^{2+}+2HCO_3^-$]，因此，表层土壤 SIC 含量相对较高，淋出液 HCO_3^- 较低，pH 值较低（pH<7）。此外，土壤 SIC 含量相比于淋溶前均增加，且在淋溶过程中 CO_3^{2-} 向深层转化（图 4-5），说明次生碳酸盐的沉积过程 [$CO_2(g)$-$CO_2(aq)$-HCO_3^--CO_3^{2-}-$CaCO_3(s)$] 也在悄悄固存大气 CO_2。孔范龙等（2017）研究表明，干旱区强烈的蒸发作用导致土壤含盐量高，水资源常年失衡，碳酸氢盐易形成次生碳酸盐（SIC）沉积于土壤表层，加上这些地区因大气沉降或硅酸盐风化等过程，土壤中 Ca^{2+} 浓度增加，通常碳酸盐沉积多于溶解过程。

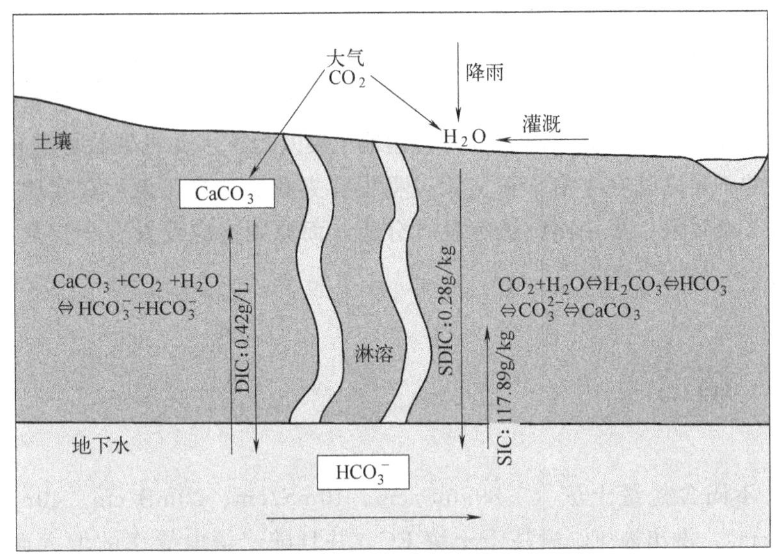

图 4-10　河套盆地大气-土壤-地下水碳运移示意图

（图中无机碳为电导率 10mS/cm 处理下的含量）

图 4-10 为河套盆地大气-土壤-地下水碳运移示意图。灌溉和降雨对于地下水的补给过程，会携带大气和土层中的 CO_2 向下入渗，一部分参与碳酸盐矿物的风化溶解，以 HCO_3^- 形式存在并随淋溶作用进入地下水；另一部分直接溶于水形成可溶性无机碳，存在于土壤及地下水中，在强烈的蒸发浓缩作用下，土壤及地下水中的可溶性无机碳极易形成次生碳酸盐（$CaCO_3$）沉积于土壤表层。尤其在土壤含盐量和 pH 值较高、土壤发育较差的碳酸盐岩层分布地区（如沙漠、干旱盐碱区、滨海湿地等区域），大气及土壤 CO_2 大多被碳酸盐风化溶解所消耗。Liu 等（2011）研究发现，CO_2 的富集能增加热带和亚热带地区森林土壤中碳酸盐矿物的风化作用，再加上这些地区的高降水和径流，使得无机碳的淋溶成为全球 CO_2 富集背景下的重要碳汇。解怀亮等（2015）研究表明，干旱区荒漠绿洲农田灌溉淋溶碳封存十分可观。Schlesinger（2001）研究指出，大气 CO_2 进入旱地土壤会形成碳酸氢盐储存在地下水中或以 $CaCO_3$ 形式沉积。碳酸盐的溶解和沉淀过程主要受 CO_2-H_2O-$CaCO_3$ 三相体系平衡状态的影响，因此，其主要影响因素除碳酸盐含量、CO_2 和 Ca^{2+} 浓度等反应基质外，还包括作为化学反应场所的土壤水分和与化学反应平衡常数有直接关系的温度。此外，该过程在土壤溶液中消耗

和产生的 H^+，控制着土壤 pH 的动态变化，因而在一定条件下土壤 pH 可作为指示无机碳汇大小的指标。而在实际情况下，盐碱区土壤及地下水中富含丰富的碳酸盐，且经过长时间尺度的碳淋溶，地下水中的无机碳含量要比模拟实验中高得多，因此，内蒙古河套盆地土壤及地下水无机碳储量不容忽视。本试验的不足之处在于由于在实验过程中有失败的重复，最后在实验设置中统一成 2 个重复，采用回归进行统计分析，而原则上应设置 3 个重复进行统计分析。

4.5 结论

① 不同含盐量土壤（0.899mS/cm、10mS/cm、20mS/cm、40mS/cm、80mS/cm），淋出液 EC 远高于土壤 EC，并且随土壤电导率的增大而增大；淋出液 pH 值和 DIC 随土壤电导率的增大先增后降，在 S_1（EC=10mS/cm）处理下有最高值，而且随淋溶时间持续增加。淋溶后土壤 EC 降低，随深度增加而升高；土壤 pH 值和 SDIC 随土壤电导率的增大先增后降，在 S_2（EC=20mS/cm）处理下最高，S_4（EC=80mS/cm）处理下最低，并在表层（0～30cm）积聚，随深度增加而降低。土壤 SIC 含量相比于淋溶前增加，随土壤电导率的增大先增后降，在 S_1 处理下最高，S_4 处理下最低。

② 土壤及淋出液无机碳含量均随土壤电导率的增大先增后降，土壤电导率为 0～20mS/cm 处理下表层土壤 SIC 含量较低，土壤 SDIC 和淋出液 DIC 含量较高，深层（60～100cm）土壤 SIC 积聚。电导率为 40mS/cm 和 80mS/cm 处理下，土壤及淋出液无机碳含量均降低，深层土壤 SIC 含量低于表层土壤。

③ 淋出液 DIC 与 EC 呈显著负相关（$R^2=0.86$，$P<0.01$），与 pH 呈显著正相关（$R^2=0.94$，$P<0.01$）。土壤 SDIC 与土壤 EC 呈显著负相关（$R^2=0.38$，$P<0.05$），与土壤 pH 呈显著正相关（$R^2=0.81$，$P<0.01$）；土壤 SIC 与土壤 EC 呈显著负相关（$R^2=0.34$，$P<0.05$），与土壤 pH 无明显相关性（$R^2=0.06$，$P>0.05$）。pH 和 EC 都是影响土壤及淋出液无机碳的重要因素，其中，pH 对溶解性无机碳的影响高于 EC，而土壤难溶性无机碳主要受土壤 EC 影响。

第5章

基于实时荧光定量PCR技术对不同盐碱程度土壤甲烷氧化菌比活性的研究

5.1 引言

CH_4 是重要的温室气体，每年大约有 470Tg CH_4 在大气中被吸收，其导致气候变暖的效能是等量 CO_2 的 20～30 倍（Cicerone 和 Oremland，1988）。好气性的旱地土壤是目前唯一已知的由生物氧化 CH_4 的汇，消耗全球大气 CH_4 的 10%（张玉铭等，2011）。甲烷氧化菌对于氧化大气中的 CH_4 来说有重要的作用。土壤中甲烷氧化菌细胞以 CH_4 为唯一的碳源和能源，其内的甲烷单氧酶（MMO）在分子氧的作用下，依靠甲醇脱氢酶（MDH）、甲醛脱氢酶（FADH）和甲酸脱氢酶（FDH）的途径氧化成 CO_2 与 H_2O。由于传统检测甲烷氧化菌含量的方法存在诸多问题，如培养法操作烦琐，劳动强度大，费时费力，难以满足大批量样品快速检测要求等。因此，选用实时荧光定量 PCR 快速检测甲烷氧化菌的新方法，具有灵敏度高、特异性强、自动化程度高等特点。佘晨兴等（2011）利用 PCR-DGGE 技术分析了自然湿地的微生物群落多样性。几乎所有好氧甲烷氧化菌都含有 MMO，因此利用颗粒性甲烷单加氧酶（pMMO）的 *pmoA* 基因片段作为生物标记物进行好氧甲烷氧化菌生态学研究已广为采用（贠娟莉，2013）。邵明瑞（2013）通过建立基于功能基因 *pmoA* 的定量 PCR 技术对油气田土壤样品中不同种类甲烷氧化菌丰度进行测定；Henckel 等（2000）通过标记甲烷氧化菌 MMO 的 *pmoA* 基因，采用 PCR 技术解释了 CH_4 氧化的活性高低。单个甲烷氧化菌的活性可以用比活性的大小表征，土壤甲烷氧化菌的比活性由测得的 CH_4 吸收速率和甲烷氧化菌丰度值决定（Kolb 等，2005）。高的甲烷氧化菌丰度或是较高的甲烷氧化菌比活性是决定土壤吸收 CH_4 的先决条件（Conrad，1984）。Menyailo 等（2008）发现土壤甲烷氧化菌比活性在俄罗斯草原种植人工林后土壤 CH_4 吸收速率变化中扮演重要角色。杨芊葆等（2010）通过对旱地农田土壤的研究发现，比活性越大，CH_4 吸收速率越大。

目前，CH_4 研究主要集中在草地、农田、森林等。据统计，全球盐碱土壤面积已达 $10^9 hm^2$，占全球土壤总面积的 30%（Gao 等，2011）。但对盐碱土壤甲烷氧化菌比活性的研究仍较少，盐碱土壤影响 CH_4 吸收的相关报道也较少。零星的研究表明土壤盐含量增加抑制 CH_4 吸收（Whalen 等，

2000）。因此，本章通过室内模拟实验，采用实时荧光定量 PCR 技术探讨不同盐碱程度土壤甲烷氧化菌比活性，为野外盐碱化土壤 CH_4 吸收速率提供理论依据。

5.2 材料与方法

5.2.1 研究区概况

供试土壤采于内蒙古巴彦淖尔市乌拉特前旗，地处黄河北岸，河套平原东端，该地属温带大陆性气候，冬寒而长，夏热而短，干旱少雨，春季风沙较大，最高气温为 39.7℃，最低气温为－30.7℃，年平均气温为 7.7℃。年平均日照时间是 3212.5h，无霜期共 167 天。降水集中于 7～9 月，年平均降水量为 213.5mm，最大降水量在 8 月，极端日降水量可达 109.6mm。

5.2.2 样品采集

为避免地形等因素影响，研究样区地势平坦，并按照邻近原则布置样点。试验于 2014 年 5 月进行（土壤未种植作物），选取样本 S_1～S_9，距离地表 0～20cm 取样，依据土壤盐化分级标准（表 5-1），选取 3 种不同盐碱程度土壤（表 5-2），将 S_1～S_3 土壤划分为 S_A（轻度盐化土），S_4～S_6 土壤划分为 S_B（强度盐化土），S_7～S_9 土壤划分为 S_C（盐土）。一份土壤风干磨碎过 2mm 筛用于理化性质测定和 CH_4 培养实验，另一份迅速运回实验室，然后将部分土壤分装于若干无菌离心管中，于－8℃保存。

表 5-1　土壤盐化分级标准（王遵亲，1993）

盐分类系适用地区	土壤含盐量/%					盐渍类型
	非盐化	轻度	中度	强度	盐土	
滨海、半湿润、干旱、半干旱区	<0.1	0.1～0.2	0.2～0.4	0.4～0.6 (1.0)	>0.6 (1.0)	$HCO_3^-+CO_3^{2-}$、Cl^-、Cl^--SO_4^{2-}、SO_4^{2-}-Cl^-
半漠境区、漠境区	<0.2	0.2～0.3 (0.4)	0.3～0.5 (0.6)	0.5～1.0 (0.6) (2.0)	>1.10 (2.0)	SO_4^{2-}、SO_4^{2-}-Cl^-、Cl^--SO_4^{2-}

表 5-2 试验土壤盐分含量

土壤种类	K^+ /%	Na^+ /%	Ca^{2+} /%	Mg^{2+} /%	SO_4^{2-} /%	CO_3^{2-} /%	HCO_3^- /%	Cl^- /%	总量 /%
S_A	0.0016	0.0088	0.014	0.0056	0.013	0	0.064	0.01	0.12
S_B	0.0058	0.12	0.083	0.045	0.39	0	0.048	0.14	0.83
S_C	0.015	0.4	0.073	0.054	0.74	0	0.051	0.36	1.69

5.2.3 土壤基本理化性质

土壤基本理化性质的测定方法（鲍士旦，2000）如下：pH 值以 1∶2.5 土水比，用复合电极法测定；EC 以 1∶5 土水比，用复合电极法测定；土壤容重（ρ_b）用环刀法测定；土壤质地用比重计速测法测定；土壤 OC 用重铬酸钾容量-外加热法测定；土壤 TP 用 $HClO_4$-H_2SO_4 测定；土壤 TN 用凯氏定氮仪法测定。土壤基本理化性质见表 5-3。

表 5-3 试验土壤基本理化性质

土地类型	样地	pH 值	电导率(EC)/(μS/cm)	土壤容重(ρ_b)/(g/cm^3)	总磷(TP)/(g/kg)	有机质(OC)/(g/kg)	土壤质地	
							砂粒/%	黏粒/%
S_A	S_1	7.55	0.361	1.45	1.00	13.04	51.1	20.3
	S_2	7.57	0.362	1.44	1.16	15.35		
	S_3	7.81	0.341	1.49	1.12	13.97		
S_B	S_4	8.09	0.510	1.36	1.16	16.17	56.2	26.3
	S_5	7.87	0.600	1.37	1.15	15.46		
	S_6	8.03	0.517	1.39	1.16	14.52		
S_C	S_7	8.40	0.814	1.39	0.76	10.57	63.3	32.0
	S_8	8.42	0.813	1.41	0.75	10.01		
	S_9	8.31	0.806	1.36	0.80	10.34		

5.2.4 总 DNA 提取

DNA 提取采用 CTAB/SDS 方法。样品用 0.5g 液氮研磨后置于 10mL 无菌离心管中，加入 4mL DNA 抽提缓冲液（1% CTAB；100mmol/L Tris-HCl，pH 8.0；20mmol/L EDTA，pH 8.0；700mmol/L NaCl，pH 8.0）和 200μL 蛋白酶 K，充分混匀。在 37℃下放置 30min，每隔 10min 混匀一次。加入 800μL 10% SDS（十二烷基硫酸钠），充分混匀。65℃下水浴 1h，

每隔15min混匀一次。室温下，于12000r/min转速下离心10min，将上清液转移至一批新的2mL无菌离心管中。一份加入等体积氯仿/异戊醇（24∶1），另一份加入0.6倍体积预冷的异丙醇。每份充分混匀，于−20℃下放置20min。弃去上清液，加入1mL 75%乙醇洗涤DNA沉淀。离心，风干，加40μL TE缓冲液溶解DNA沉淀。取2μL DNA样品，琼脂糖电泳检测。DNA溶液于−20℃冰箱中保存。

5.2.5 PCR质粒标准品的制备

（1）目的基因的扩增

pmoA 基因广泛应用于环境样品中甲烷氧化菌的检测与定量化，在 *pmoA* 定量过程中，所采用的引物（Adrian等，2011）为A189f（5′-GGN GAC TGG GAC TTC TGC-3′）和A682r（5′-GAA SGC NGA GAA GAA SGC-3′），利用2对特异性引物分别扩增样品DNA中细菌数目的DNA序列。QPCR反应所需体系如下。PCR扩增体系（25μL）：10×PCR缓冲液2.5μL；dNTP（2.5mmol/L）1.6μL；primers F（5P）1μL；primers R（5P）1μL；Taq（5U/μL）0.125μL；模板DNA 50ng；补H_2O 16.775μL。PCR扩增程序：95℃下预变性4min；95℃下变性30s，60℃下复性30s，72℃下延伸30s，30个循环；72℃下延伸10min。

（2）重组质粒的构建、测序与浓度测定

PCR产物采用AXYGEN公司DNA Gel Extraction Kit进行纯化。纯化连接到pEASY-T载体上，并转化至DH5α感受态细胞中，筛选阳性克隆，对插入的细菌DNA片段进行序列测定。依据测序结果验证标准品是否构建合格。序列正确的阳性克隆子利用试剂盒提取质粒作为标准品，超微量紫外分光光度计测定浓度，−20℃下保存备用。根据测定的核酸浓度，计算质粒标准品中甲烷氧化菌 *pmoA* 基因片段拷贝数。PCR仪为Biometra公司生产的T-gradient，凝胶成像仪为Bio-Rad公司的Gel-Doc2000凝胶成像系统。

（3）标准曲线的建立

将制备好的质粒标准品按10倍梯度（质量浓度）稀释，得到4个稀释度的标准模板。每个稀释度模板质量浓度取3个平行样，记录结果，取平均值，绘制溶解性曲线。以QPCR反应的循环数为横坐标，以不同模板拷贝数的对数为纵坐标，绘制标准曲线。

5.2.6 CH_4 室内培养实验

称取过筛的 S_1～S_9 土壤样品 50g（相当于烘干土重），装入 250mL 规格的培养瓶（Glasgeratebau OCHS GmbH），加入灭菌去离子水 5mL，预培养 7 天，激活土壤微生物，7 天后取出培养瓶，调节培养体系中土壤体积含水率为 25%（体积分数），用 T 型硅胶塞封口，于 25℃下恒温培养箱中避光培养 360h。每个处理均设置 3 次重复。为了保持瓶内压力恒定，在向瓶内注射纯 CH_4 之前用注射器从瓶内抽出相同体积的空气，前 12 次每隔 12h 抽取培养瓶中混合气体，之后每 24h 抽一次，CH_4 质量浓度用改进后的气相色谱仪（Agilent 6820，Agilent Technologies）测定。仪器配备：FID 检测器和不锈钢的 Porapak Q(80/100mesh)。工作条件设定：柱温、进样口温度和检测器温度分别设为 55℃、130℃、250℃，载气（氮气），FID 氢气和 FID 空气的流速分别设为 30mL/min 和 400mL/min，CH_4 的吸收速率用 ng/(kg·h) 表示。

5.2.7 数据分析方法

甲烷氧化菌丰度(copies)＝总体积×摩尔数×样品中检测目标的质量浓度/(pEASY-T 碱基数×脱氧核糖核苷酸平均分子量) (5-1)

CH_4 吸收速率：

$$P=\frac{\mathrm{d}c}{\mathrm{d}t}\times\frac{V_{\mathrm{h}}}{W_{\mathrm{s}}}\times\frac{\mathrm{MW}}{\mathrm{MV}}\times\frac{T_{\mathrm{st}}}{T_{\mathrm{st}}+T} \tag{5-2}$$

式中，P 为 CH_4 吸收速率，ng/(kg·h)；$\mathrm{d}c/\mathrm{d}t$ 为单位时间培养瓶内 CH_4 质量浓度的变化量；V_{h} 为培养瓶内部空间的体积，mL；W_{s} 为土样的质量，g；MW 为 CH_4 的分子量，16.04；MV 为标准状态下 1mol 气体的体积，22.4L；T 为培养温度，℃；T_{st} 为标准温度。

$$\text{比活性}=\frac{\text{单位土壤吸收速率(2)}}{\text{该土壤 }pmoA\text{ 基因丰度(1)}} \tag{5-3}$$

式中，(1) 指式 (5-1) 甲烷氧化菌丰度；(2) 指式 (5-2) CH_4 吸收速率。

采用 OriginPro8 和 excel2010 软件进行数据处理与制图，用 SPSS22.0 软件进行单因素方差分析（AVNOA）。

5.3 结果与分析

5.3.1 土壤甲烷氧化菌实时荧光定量 PCR 检测体系的建立

经凝胶电泳检测，土壤样品细菌基因组 DNA 能提取较高的质量，纯度较高，可直接用于 PCR 扩增（图 5-1）。

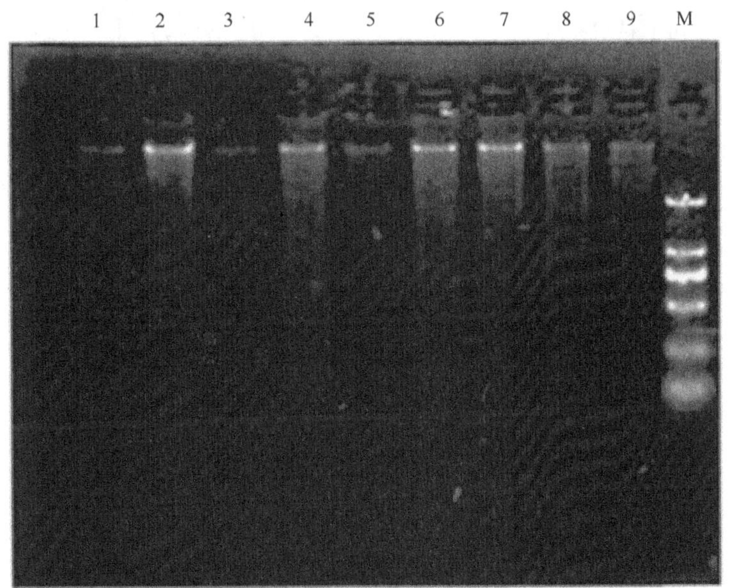

图 5-1　土壤细菌基因组 DNA 提取聚丙烯酰胺凝胶电泳图

注：M 为标记物；数字 1～9 分别对应 S_1～S_9 土壤。

利用核酸定量仪测定质粒质量浓度，计算得到甲烷氧化菌 *pmoA* 基因片段的质量浓度是 776ng/μL，将质粒提取液按 10 倍系列稀释得到 4 个稀释度的标准模板，各取 2μL 稀释标准品作为荧光定量 PCR 的模板进行扩增，在荧光定量 PCR 扩增指数期，画一条阈值线，此时设定阈值等于 0.020208（图 5-2），依据此阈值线，确定在 PCR 过程中，各样品扩增产物的荧光信号达到设定的阈值时，所经过的扩增循环数 C_t。根据标准品 4 个浓度梯度的模板 C_t 值，计算并绘制反应的标准曲线：$y=-0.2694x(C_t)+3.2796$，该标

准曲线的斜率为 -0.2694，相关系数 $R^2=0.9977$，扩增效率 $E=86\%$（图 5-3）。根据未知样品 C_t 值，在标准曲线上得到未知样品初始模板量，即 3 种不同盐碱程度土壤的 *pmoA* 基因数。绘制各浓度稀释后的标准品在实时荧光定量过程中的熔点曲线。其中，实时荧光定量 PCR 体系的熔点曲线具有单一特异性的峰，扩增产物溶解温度 T_m 值均一，为 (90.4 ± 1.1)℃。结果

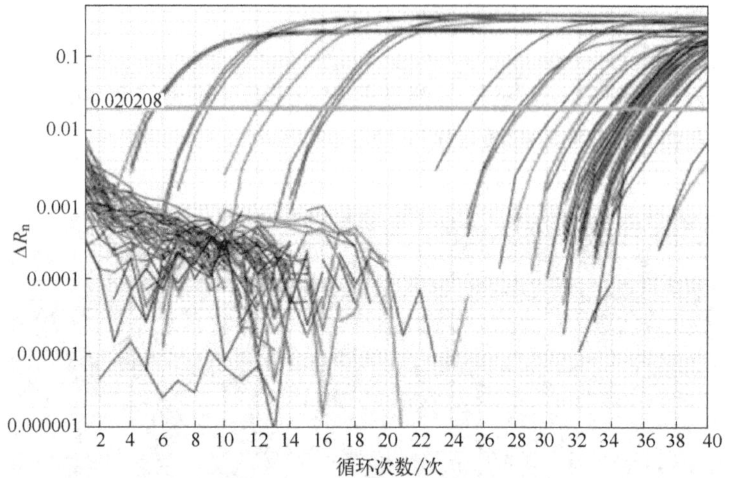

图 5-2 荧光定量 PCR 特异性评价的扩增曲线

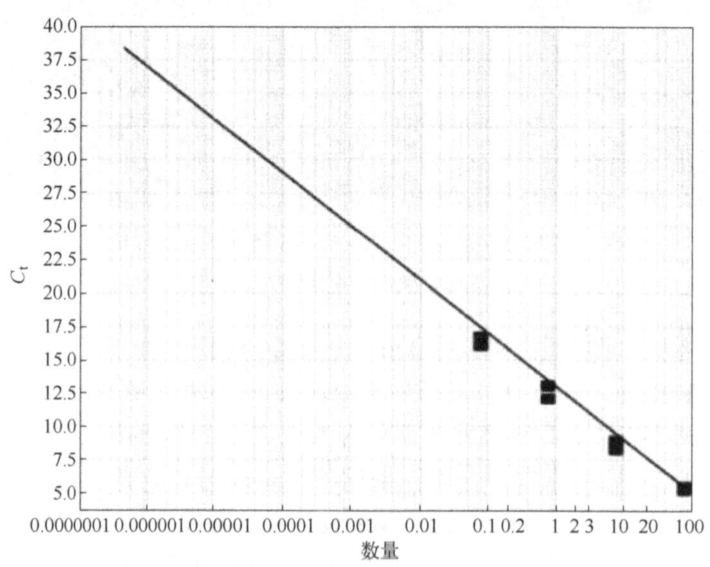

图 5-3 实时荧光定量 PCR 标准曲线

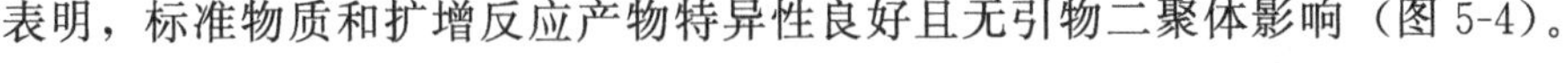
表明，标准物质和扩增反应产物特异性良好且无引物二聚体影响（图 5-4）。

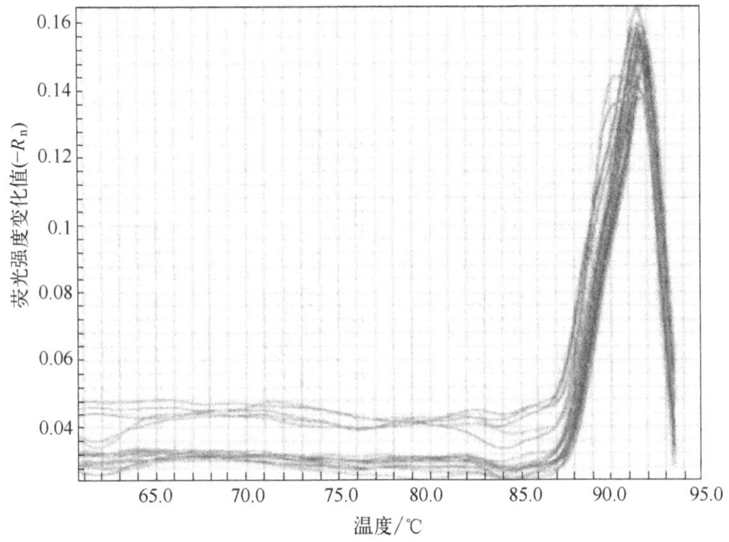

图 5-4　实时荧光定量 PCR 熔点曲线

5.3.2　土壤 CH_4 吸收速率

由单因素 AVNOA 方差分析可以发现，不同盐碱程度土壤之间 CH_4 吸收速率具有明显的差异性（$F=81.5$，$P<0.01$）（图 5-5）。经计算知 S_A、S_B、S_C 土壤的 CH_4 吸收速率数值大小依次为 28.4ng/(kg·h)、20.6ng/(kg·h)、17.7ng/(kg·h)，即 $S_A>S_B>S_C$，随着土壤盐碱程度的增加，CH_4 吸收速率呈现递减变化趋势。相比较盐土，轻度盐化土的 CH_4 吸收速率增加了 60.5%，表现出较高的 CH_4 吸收潜力。

5.3.3　土壤甲烷氧化菌丰度和比活性分析

单因素 AVNOA 方差分析表明，不同盐碱程度土壤之间的甲烷氧化菌丰度（$F=71.4$，$P<0.01$）和比活性（$F=245.9$，$P<0.01$）具有明显的差异性（图 5-6 和图 5-7）。由公式（5-1）得出土壤甲烷氧化菌丰度值分别为 13.25×10^3 copies、19.90×10^3 copies、40.18×10^3 copies，表现为 $S_A<S_B<S_C$。通过式（5-3）计算得出土壤氧化菌比活性，土壤 CH_4 氧化菌比活性表现为 $S_A>S_B>S_C$，S_A（轻度盐化土）、S_B（强度盐化土）、S_C（盐土）数值大小分别为 25.13×10^{-4} ng/(kg·copies·h)、14.65×10^{-4} ng/(kg·copies·h)、

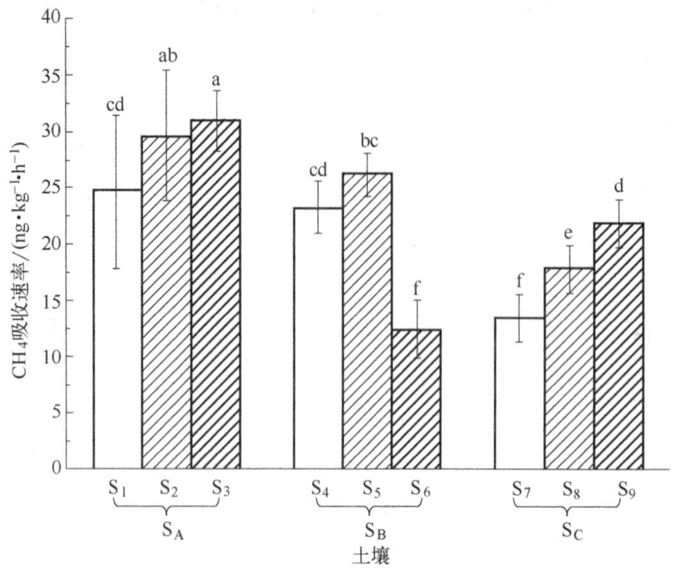

图 5-5　不同盐碱程度土壤 CH_4 吸收速率

注：不同小写字母表示不同盐碱程度土壤差异显著（$P<0.05$）。

13.58×10^{-4}ng/(kg·copies·h)，即盐土中甲烷氧化菌比活性最低。

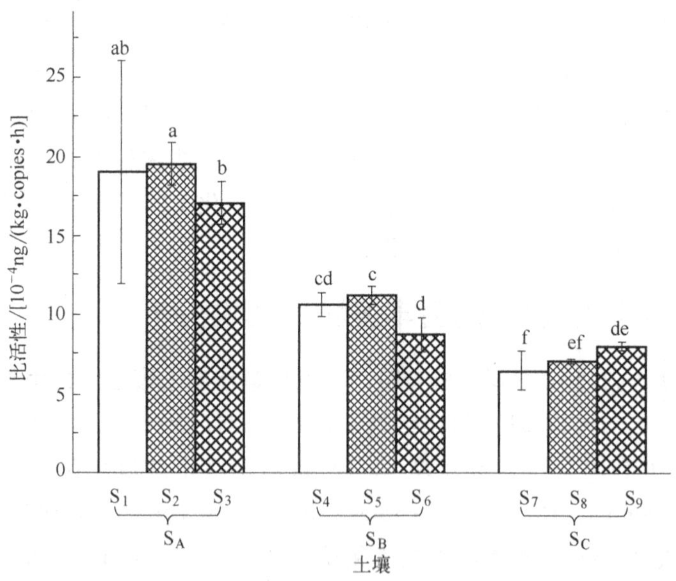

图 5-6　不同盐碱程度土壤氧化菌比活性柱状图

注：不同小写字母表示不同盐碱程度土壤差异显著（$P<0.05$）。

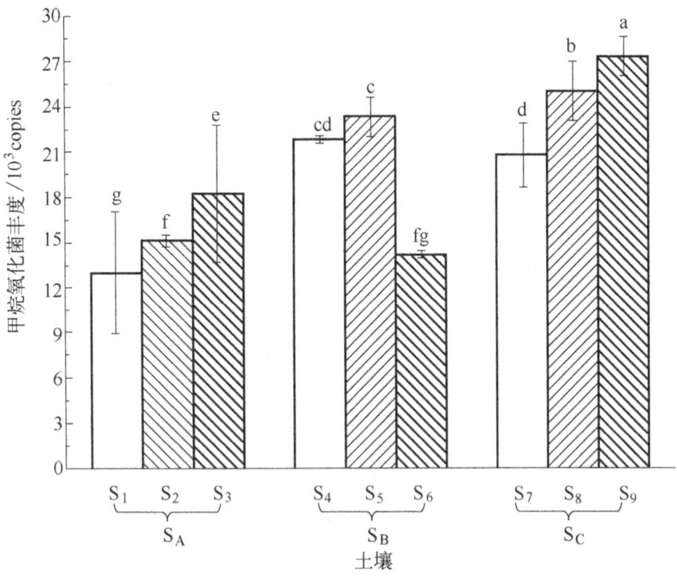

图 5-7　不同盐碱程度土壤氧化菌丰度柱状图

注：不同小写字母表示不同盐碱程度土壤差异显著（$P<0.05$）。

5.3.4　土壤 CH_4 吸收速率与甲烷氧化菌丰度、甲烷氧化菌比活性以及环境因子的冗余分析

利用 Canoco4.5 for windows 软件的除趋势对应分析（detrended correspondence，DCA），采用线性拟合模型，选择冗余分析法。图 5-8 表明，以 CH_4 吸收速率的矢量箭头为轴可将样本分为三种不同盐碱程度土壤 S_A(S_1～S_3)、S_B(S_4～S_6)、S_C(S_7～S_9)，分类结果与土壤盐化分级结果一致。土壤 CH_4 吸收速率与甲烷氧化菌比活性的投影在第一主成分轴的正方向，甲烷氧化菌比活性越大，CH_4 吸收速率越大，$r=0.788$（$P<0.05$，$n=9$），土壤 CH_4 吸收速率与土壤甲烷氧化菌丰度投影在 X 轴的方向相反，不具有显著相关性 $r=-0.099$（$P>0.05$，$n=9$）。第一主成分轴（X 轴）和第二主成分轴（Y 轴），两个主成分轴共解释环境变量的 97.0%，由 Monte Carlo 法检验后表明：pH、EC 与土壤甲烷氧化菌比活性呈负相关，相关系数依次为 -0.943（$P<0.01$）和 -0.895（$P<0.01$），容重（ρ_b）、总磷（TP）、总氮（TN）、有机碳（OC）与土壤甲烷氧化菌比活性无显著相关性（$P>0.05$）。表明 pH、EC 越高的土壤，甲烷氧化菌比活性越低，CH_4 吸收速率越低。

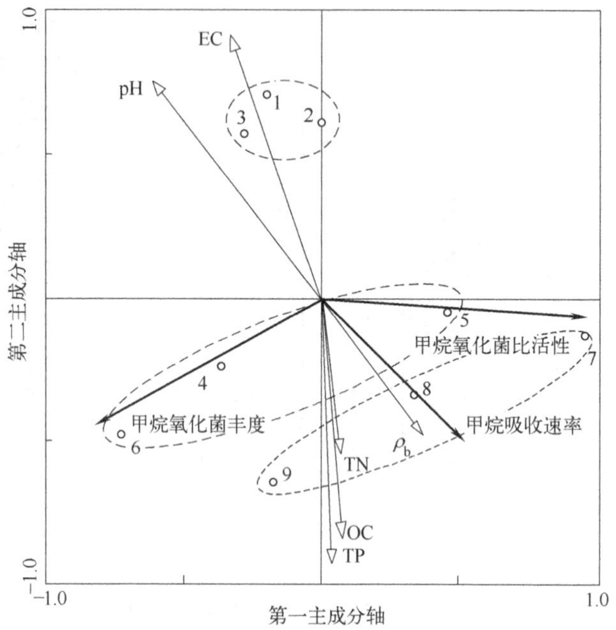

图 5-8　甲烷与环境因子的冗余分析图

5.4 讨论

不同盐碱程度土壤 S_A、S_B、S_C 的 CH_4 吸收速率表现为轻度盐化土（S_A）>强度盐化土（S_B）>盐土（S_C），即随着土壤盐碱程度的增加，pH 与盐含量高的土壤 CH_4 吸收速率低。张锦峰等（2011）发现在相同的地质状况下，不同盐碱化土壤，轻度盐化土有较好的 CH_4 吸收潜力。Darling（1998）对美国缅因州森林土壤进行室内培养实验，发现铵盐和非铵盐对土壤 CH_4 吸收速率都起到了抑制作用。Whalen 等（2000）发现高原冻土（5～15cm）中添加的氯化钠质量浓度增加 20 倍，CH_4 吸收速率降低 75%。因此，盐含量高的土壤 CH_4 吸收速率较低可能是盐土中过高的氯离子抑制了甲烷氧化菌的活性，导致土壤 CH_4 吸收速率降低（Zhang 和 Li，2011）。

本研究发现 3 种不同盐碱程度土壤中盐土具有较高的甲烷氧化菌丰度。Tsubota 等（2005）研究表明温泉底泥土壤中的中性嗜温型甲烷氧化菌能够忍受质量浓度为 3%的 NaCl。Dimitry 等（2000）在分离出来的五种高盐的底泥样品中得到一种新的Ⅰ型甲烷氧化菌，其能够在 pH=10 的碱性条件和钠离子质量浓度为 1mol/L 的环境下生存。3 种不同盐碱程度土壤中，盐土同时也具有较低的甲烷氧化菌比活性。邓永翠等（2013）研究表明丰度最高的 Methylocella 甲烷氧化菌，其氧化 CH_4 的活性低。盐含量高的盐碱土壤，甲烷氧化菌比活性低，可能的原因是甲烷氧化菌种群的另外一种 pMMO 酶在盐碱程度高的土壤中停止表达（邓永翠，2013）。

本研究表明 CH_4 吸收速率与甲烷氧化菌比活性呈正相关（$r=0.788$，$P<0.05$），即盐碱化程度高的土壤，甲烷氧化菌比活性低，CH_4 吸收率低。杨芊葆等（2010）研究也表明暗棕土壤甲烷氧化菌的比活性与 CH_4 吸收速率具有正相关关系。Menyailo 等（2008）发现改造后的俄罗斯草原土壤甲烷氧化菌比活性影响土壤 CH_4 吸收速率。当今国际刊物上大多直接用土壤浸提液电导率（EC）来表示土壤盐碱化程度（邓丽娟，2011）。土壤性质（如 pH 和 EC）是调控细菌多样性和群落结构的关键因子（Catherine 和 Rob，2007）。本研究 Monte Carlo 检验后表明：土壤 pH、EC 与土壤甲烷氧化菌比活性呈显著负相关。因此，pH 和 EC 含量高的盐碱土壤，土壤甲烷氧化菌比活性低，土壤 CH_4 吸收潜力低。

5.5 结论

① 不同盐碱程度土壤 CH_4 吸收速率表现为轻度盐化土（S_A）>强度盐化土（S_B）>盐土（S_C），即随土壤 pH 和土壤浸提液电导率（EC）的增大，CH_4 吸收速率降低。

② 不同盐碱程度土壤甲烷氧化菌比活性越低，CH_4 吸收速率越低。pH 和 EC 越高的盐碱土壤，甲烷氧化菌比活性越低，CH_4 吸收速率越低。土壤甲烷氧化菌比活性与土壤容重（ρ_b）、总磷（TP）、总氮（TN）、有机碳（OC）无显著相关性。

第6章

不同含盐量土壤可溶性无机碳及盐基离子的剖面分布特征

6.1 引言

近年来，人类活动导致大气 CO_2 浓度升高，造成了全球变暖、温室效应等一系列环境问题，使得全球碳排放控制成为国际社会关注的焦点。其中，土壤巨大的“碳源”、“碳汇”功能在全球碳循环研究中占重要地位（余健等，2014）。大量研究表明，在美国和中国等多个国家的荒漠区都监测到土壤 CO_2 负通量，量级都在 100g/(m^2 · a) 左右（以 C 计）（李彦等，2016）。荒漠区植被稀疏，土壤贫瘠，生命过程微弱，能够产生如此巨大的碳负通量，主要是由于土壤无机碳循环过程。土壤中普遍存在 CO_2(g)-CO_2(aq)-HCO_3^-(aq)-$CaCO_3$(s) 的无机碳平衡过程，它的动态过程主导着地-气界面的无机碳交换，也控制着土壤无机碳的固定和淋失（潘根兴等，2015）。土壤可溶性无机碳（SDIC）作为比较活跃的动态性碳，向地下的淋溶是土壤截获无机碳的一个重要机制（K. L. Sahrawat，2003）。目前对土壤无机碳的研究，多集中在非盐土壤如农田、平原、高原、沙漠等的土壤碳酸盐含量及碳储量的估算和不同土地利用方式对土壤无机碳含量的影响等（牛子儒等，2016；郭洋等，2016；贡璐等，2016；刘淑丽等，2014）。对盐碱土壤无机碳的研究较少，而且主要集中在新疆地区单一盐碱化程度土壤上，而对于北方盐碱土壤无机碳涉及不多。内蒙古河套灌区由于其特殊的地理位置及气候条件，土壤盐碱化程度较高，不同程度盐碱化面积大，土壤表层含盐量高（宋泽峰等，2014；杨婷婷等，2005）。因此，本章选取内蒙古河套灌区 7 种不同含盐量土壤，针对不同土壤深度（0～100cm）中的可溶性无机碳（SDIC）含量和盐基离子的剖面分布，研究其在不同含盐量盐碱土壤中的存在形态及剖面分布特征，分析土壤理化条件对盐基离子和无机碳的影响，这将有利于解释土壤可溶性无机碳和盐基离子在土壤中的动态运移机制，以及进一步探究盐碱土壤物质、能量和信息流动与转换的机理，是探究干旱区土壤环境质量与物质汇集作用的关键。

6.2 材料与方法

6.2.1 研究区概况

供试土壤采于内蒙古巴彦淖尔市乌拉特前旗，地处黄河北岸，河套平原东端。地理坐标为东经 108°11′～109°54′，北纬 40°28′～41°16′，总面积 7476km^2，其中轻度盐化面积占 52.83%，中度盐化面积占 31.94%，重度盐化面积占 15.23%（李新等，2016）。该地属于中温带大陆性季风气候，日照充足，是中国光能资源最丰富的地区之一，热量丰富，昼夜温差大，四季分明，雨水集中，雨量多集中于夏季的 7、8 月份，雨热同期，年平均气温为 3.5～7.2℃，年降水量在 200～250mm 之间，主要集中在 6～9 月份，占全年降水量的 78.9%，年蒸发量在 1900～2300mm 之间。最高极端气温 38.8℃，最低极端气温－36.5℃。

6.2.2 样品采集

试验于 2016 年 8 月末选取不同电导率盐碱土壤 S_1～S_7 作为 7 个研究样地（表 6-1）。为避免地形、土壤特性等因素影响，试验区域按照邻近原则布设样地，选择相对平坦并且相邻近的裸地。每个样地面积 10m×10m，每个样地设置 3 次重复。采用随机布点的方法，利用土钻在每个样地距地表 0～10cm、10～20cm、20～30cm、30～50cm、50～70cm、70～100cm 分 6 层取样。将采集的土样中可见的植物残体（如根、茎、叶）和土壤动物去除，装于无菌聚乙烯自封袋中。经自然风干后，研磨，过 2mm 筛，用于土壤理化特性、土壤盐分含量、土壤可溶性无机碳和土壤有机质的测定。

6.2.3 样品测定

（1）土壤理化性质测定

土壤 pH 以水土比为 1∶1，使用土壤 pH 计测定；土壤电导率（EC）以水土比为 1∶1，使用 Field scout 土壤便携式电导仪测定；土壤容重测定使用环刀法；土壤有机碳（SOC）测定用重铬酸钾-外加热法；土壤可溶性无机碳（SDIC）测定运用双指示剂中和滴定法；土壤全氮（TN）测定使用凯氏定氮法；土壤盐分的测定，硫酸根离子测定用 EDTA 容量法，钙、镁离子测定也用 EDTA 容量法，钾离子测定用火焰光度法。理化特性具体测定方法参照《土壤农化分析（第三版）》（鲍士旦，2000）进行。试验土壤样地基本理化性质见表 6-1。

表 6-1　试验土壤样地基本理化性质

土壤序号	地理位置	电导率(EC)/(mS/cm)	pH 值	总氮(TN)/(g/kg)	有机碳(SOC)/(g/kg)	容重/(g/cm)
S_1	108°39′25″E;40°50′11″N	1.69	8.63	0.16	0.39	1.35
S_2	108°38′59″E;40°50′9″N	5.98	8.31	0.14	0.46	1.60
S_3	108°39′24″E;40°50′11″N	7.00	8.15	0.18	0.48	1.35
S_4	108°39′32″E;40°50′5″N	10.15	8.23	0.11	0.29	1.60
S_5	108°38′58″E;40°50′9″N	16.08	8.63	0.14	0.24	1.60
S_6	108°38′34″E;40°51′19″N	34.74	8.56	0.10	0.23	1.60
S_7	108°38′28″E;40°51′24″N	70.37	8.07	0.26	0.33	1.53

（2）数据处理与分析

采用 OriginPro8.5 和 Excel 2010 软件进行数据处理与制图，采用 SPSS17.0 统计软件进行方差分析（ANOVA）、T 检验等数据统计分析。可溶性无机碳是测得的 HCO_3^- 含量和 CO_3^{2-} 含量相加得到的。

6.3 结果与分析

6.3.1 不同含盐量土壤可溶性无机碳含量及储量剖面分布

由图 6-1 可知，土壤含盐量对可溶性无机碳（SDIC）含量具有重要影响。电导率最小（EC = 1.69mS/cm）的 S_1 土壤 SDIC 平均含量最高，为 0.9465g/kg，S_2 为 0.3285g/kg，S_3 为 0.2585g/kg，S_4 为 0.2119g/kg，S_5 为 0.1527g/kg，S_6 为 0.1488g/kg，S_7 为 0.1432g/kg。整体上 SDIC 平均含量表现为 $S_1>S_2>S_3>S_4>S_5>S_6>S_7$，即随着电导率逐渐增大，土壤可溶性无机碳平均含量逐渐减小。

不同土层深度可溶性无机碳（SDIC）含量也存在差异（图 6-1）。在 0～100cm 土壤剖面中，随着土壤深度的加深，SDIC 含量呈先减小后增加的变化趋势。0～50cm 土壤可溶性无机碳含量显著低于（$P<0.01$）50～100cm 土壤可溶性无机碳含量。S_1 土壤 0～50cm SDIC 平均含量为 0.8633g/kg，50～100cm 的平均含量为 1.1130g/kg，增加了 29%；S_2～S_7 分别增加了 28%、1%、1%、27%、22%和 15%。

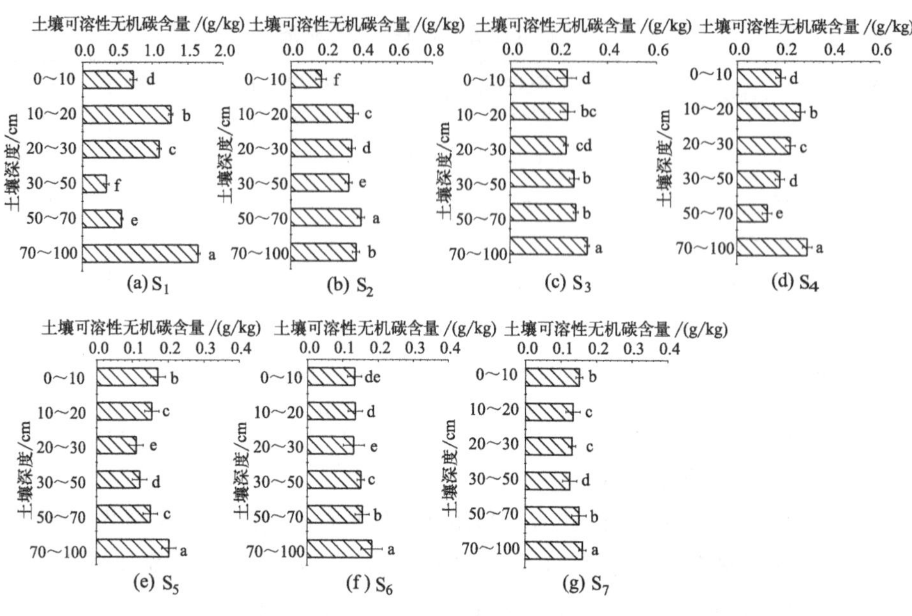

图 6-1　不同含盐量土壤可溶性无机碳含量剖面分布

注：图中 S_1～S_7 分别为不同含盐量土壤；不同小写字母表示不同土壤不同土层深度间差异显著（$P<0.05$）。

由图 6-2 可知，土壤含盐量对可溶性无机碳储量有重要影响，电导率最小的 S_1 土壤可溶性无机碳储量最高，为 11.9652kg，S_2 为 5.3914kg，S_3 为 3.5113kg，S_4 为 3.4195kg，S_5 为 2.4161kg，S_6 为 2.4586kg，S_7 为 2.2980kg。土壤电导率越大，可溶性无机碳储量越小，整体上与可溶性无机碳含量变化一致。

6.3.2　不同含盐量土壤盐基离子剖面分布

由图 6-3 可知，土壤含盐量对盐基离子含量的影响显著。电导率最大的 S_7 土壤总含盐量最高，为 15.65%，其中钙离子总量为 4.26%，钾离子总量为 2.13%，镁离子总量为 1.21%，硫酸根离子总量为 8.05%。电导率最小的 S_1 土壤总含盐量最低，为 3.62%，其中钙离子总量为 1.87%，钾离子总

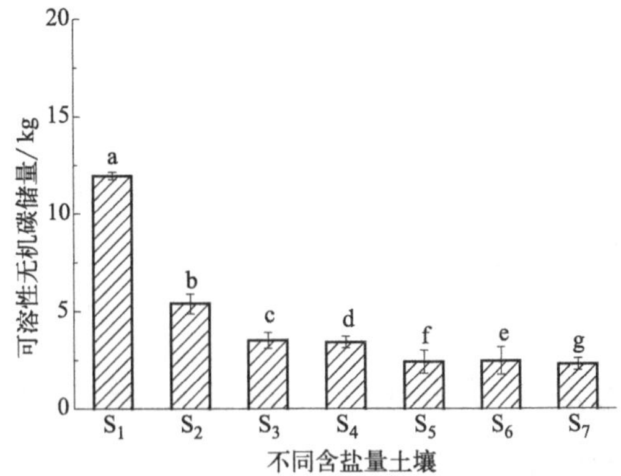

图 6-2　土壤可溶性无机碳储量随不同含盐量的变化趋势

注：不同小写字母表示不同盐含量土壤可溶性无机碳储量差异显著（$P<0.05$）。

量为 0.88%，镁离子总量为 0.53%，硫酸根离子总量为 0.34%。电导率大的土壤盐基离子总量高，电导率小的土壤盐基离子总量低。

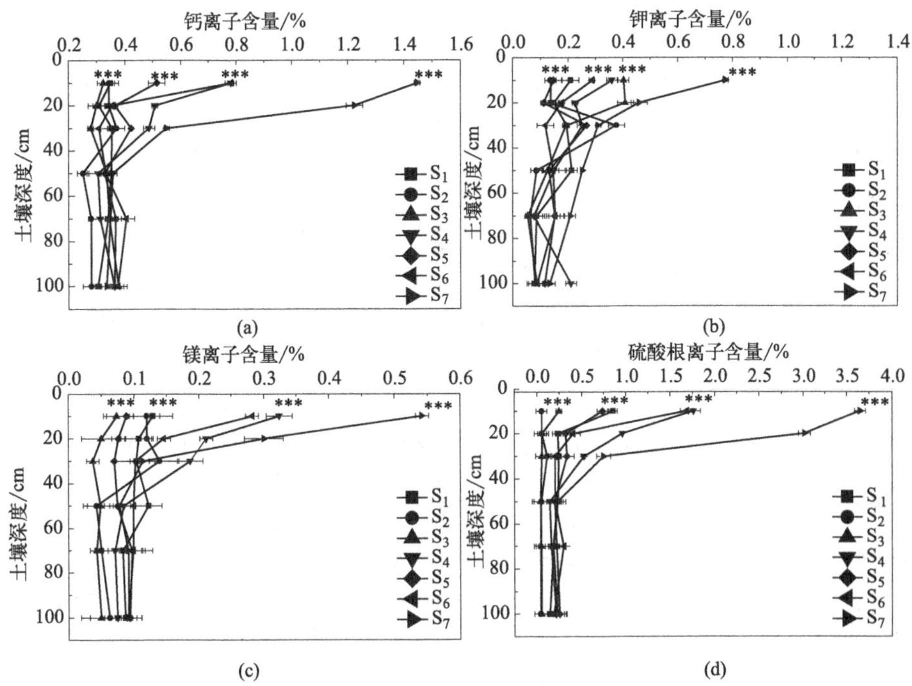

图 6-3　土壤盐分的剖面变化

注：*表示土壤之间盐基离子差异显著（*表示 $P<0.1$；**表示 $P<0.05$；***表示 $P<0.01$）。

不同土壤深度盐基离子含量也存在差异（图 6-3）。在 0～100cm 土壤剖面内，盐基离子含量由浅至深逐渐减少。土壤交换性 Ca^{2+}、K^{+}、Mg^{2+} 和 SO_4^{2-} 主要集中分布在 0～30cm 表层，其含量分别占全剖面的 60％、68％、64％和 76％，表现为较强的表聚性。土壤盐基离子组成以 Ca^{2+}、SO_4^{2-} 为主，平均含量分别占离子总量的 27％和 29％；K^{+}、Mg^{2+} 含量少，平均含量分别占离子总量的 13％和 7％。

6.3.3 土壤可溶性无机碳、土壤盐基离子与土壤理化性质的相关性分析

土壤 pH 和电导率 EC 是影响盐碱土壤无机碳与盐基离子含量的重要因素。由图 6-4 可知，不同含盐量土壤的可溶性无机碳平均含量随 EC 增加呈指数减少（$R^2=0.83$，$P<0.05$）［图 6-4（a）］，随 pH 的增加而增加，但趋势不显著（$R^2=0.17$，$P>0.05$）［图 6-4（c）］；盐基离子平均含量随 EC 增加

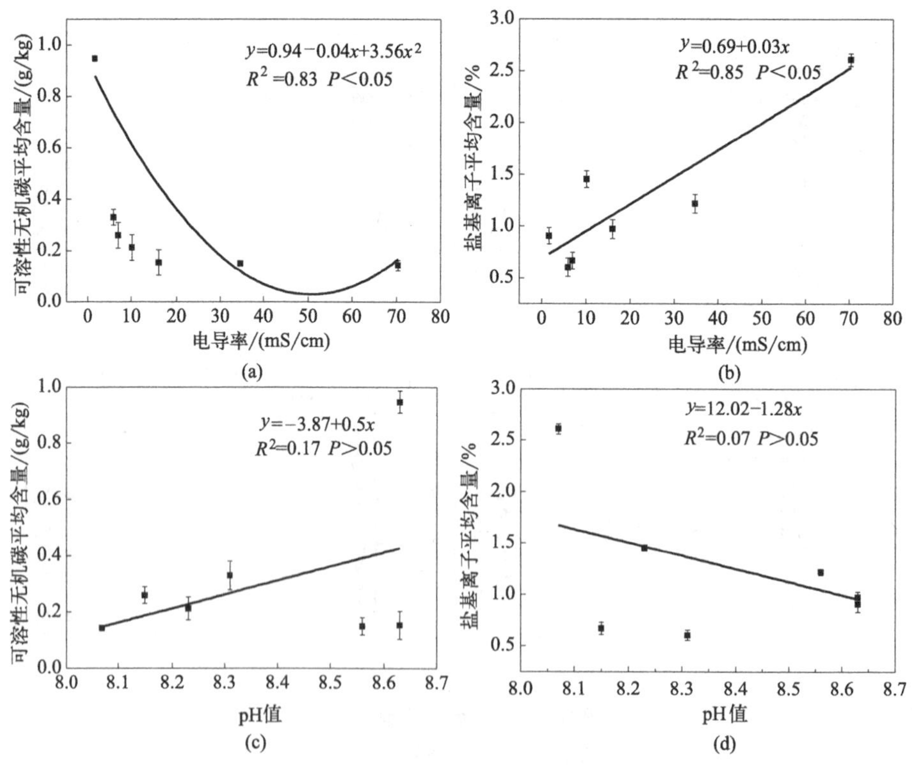

图 6-4　土壤可溶性无机碳、土壤盐基离子与土壤理化性质的相关性分析

呈线性增加（$R^2=0.85$，$P<0.05$）[图 6-4（b）]，随 pH 的增加而减少，变化趋势不显著（$R^2=0.07$，$P>0.05$）[图 6-4（d）]。

6.4 讨论

6.4.1 土壤可溶性无机碳与土壤含盐量的关系及其剖面分布特征

本研究结果表明，不同含盐量土壤（$S_1\sim S_7$）随着电导率的逐渐增大，其可溶性无机碳含量逐渐减小，表现为 $S_1>S_2>S_3>S_4>S_5>S_6>S_7$。在一定的土壤盐分条件下，盐分会加强土壤淋溶作用，加快土壤中可溶性无机碳淋失（王银山等，2009）。盐碱土壤溶液对 CO_2 的溶解度很高，在 $CO_2(g)$-$CO_2(aq)$-$HCO_3^-(aq)$-$CaCO_3(s)$ 无机碳平衡中，CO_2 浓度越高，越会促进平衡向右移动，形成越多的 SDIC；相反，土壤中盐离子越多，越会抑制平衡反应向右进行，故形成的无机碳也相应越少。通过研究土壤可溶性无机碳平均含量与 EC、pH 之间的相关性（图 6-4），可以看出土壤可溶性无机碳平均含量与 EC 呈显著负相关（$R^2=0.83$，$P<0.05$），表明土壤 EC 的增大，会影响可溶性无机碳的积聚，即土壤含盐量在一定程度上会影响可溶性无机碳含量的变化（刘丽娟，2013）。由于本研究中 7 种供试土壤 pH 值相近，变化范围小，故土壤可溶性无机碳与 pH 之间的相关性不显著（$R^2=0.17$，$P>0.05$）。

不同土壤深度可溶性无机碳含量变化呈先减少后增加的趋势，在 0～100cm 剖面内表现为 0～50cm 土层含量低于 50～100cm 土层含量，即 SDIC 主要分布在土壤下层。由于表层土距离土壤母质较远，其无机碳主要是靠大气运动带来的碳酸盐，无机碳成分复杂且含量较低，而深层土壤接近土壤母质层，钙质丰富，故可溶性无机碳含量较表层高（潘根兴，1999）。而且近表层土壤存在向下脱盐的现象，水分会溶解部分可溶性碳酸盐并带入地下，碳酸盐溶液在向下运移的过程中会逐渐淀积，可溶性碳酸盐也会被逐级截留，就会导致垂直方向上的分布差异（邓彩云，2017）。有研究指出，浅层地下水位是引起无机碳含量在垂直分布上有差异的主要因素，地下水较浅容易引起土壤次生盐渍化的发生（王玉刚，2013）。河套灌区在地质构造上处于包头-

吉兰泰断陷盆地，水资源以国境的黄河水为主，地下水以潜水为主，埋深1～2m，地下水位较浅（张雁平等，2008）。由于 HCO_3^-、CO_3^{2-} 本身易溶于水，性质活泼，极易随土壤水分向下运移发生淋溶，而土壤水最终会与地下水汇聚，因此会积累大量的可溶性无机碳于土壤深层。

6.4.2 土壤盐基离子与土壤含盐量的关系及其剖面分布特征

本研究结果表明，不同含盐量土壤（S_1～S_7）中电导率大的土壤盐基离子含量高，电导率小的土壤盐基离子含量低。通过研究土壤盐基离子平均含量与 EC、pH 之间的相关性（图 6-4），可以看出土壤盐基离子平均含量与 EC 呈显著正相关（$R^2=0.85$，$P<0.05$）。土壤电导率可以反映出土壤混合盐的含量，EC 越高，即土壤所含可溶性离子浓度越高，总盐量越大。土壤电导率能够反映出土壤的盐分条件，不同的土壤盐分条件会影响交换性离子的数量（Zamanian 等，2016）。土壤盐基离子平均含量与 pH 之间的相关性不显著（$R^2=0.07$，$P>0.05$）。

不同土壤深度各盐基离子含量由浅至深逐渐减少，表现为较强的表聚性。土壤盐基离子的含量及分布容易受到胶体表面的吸附和交换特性、盐基离子性质及离子间作用、生物物质循环以及淋溶作用的影响（蔺娟等，2007）。干旱半干旱地区的土壤含盐量高，次生盐渍化现象严重，高温少雨，地表蒸发作用很强，地下水的频繁上升带动土壤盐分的上移，随着表面水分的蒸发，地下水向上运移过程中携带的大量可溶性盐离子就会在土壤表层积聚，导致交换性盐基离子分布较浅（郭全恩，2010）。土壤水分对盐分离子影响较大，土壤水分的运移会造成盐分在垂直方向上的分布差异，影响盐分积聚（许媛媛等，2012；马占臣等，2014）。而且因各种离子的迁移能力不同，土壤脱盐过程中各离子的相对含量也会有所区别（G. Esteban 等，2001）。本研究中土壤盐基离子含量 $SO_4^{2-}>Ca^{2+}>K^+>Mg^{2+}$，在剖面上的分布由浅至深均表现出较强的表聚性。

6.5 结论

① 不同含盐量土壤（S_1～S_7）随电导率的增大其可溶性无机碳平均含量逐渐降低；随土壤深度的加深可溶性无机碳含量先减少后增加，表现为浅层

0～50cm 含量少，深层 50～100cm 含量多。不同含盐量土壤可溶性无机碳储量随电导率的增大而降低。

② 不同含盐量土壤（S_1～S_7）盐基离子含量随电导率的增大而增加；随土壤深度的加深盐基离子含量逐渐减少，具有较强的表聚性。研究区域土壤盐基离子组成以 Ca^{2+}、SO_4^{2-} 为主，K^+、Mg^{2+} 次之。

③ 相关性分析表明，土壤可溶性无机碳含量与 EC 呈显著负相关（$R^2=0.83$，$P<0.05$），与 pH 无显著相关性（$R^2=0.17$，$P>0.05$）；盐基离子平均含量与 EC 呈显著正相关（$R^2=0.85$，$P<0.05$），与 pH 无显著相关性（$R^2=0.07$，$P>0.05$）。

第7章

外源盐对盐碱土壤CO_2吸收的影响

7.1 引言

工业革命以来，人类的生产、生活方式在很大程度上导致了温室气体的加速排放。目前公认的温室气体主要有 CO_2、CH_4 和 N_2O，对温室效应的总贡献率达 80%，其中，CO_2 是最重要的温室气体之一。联合国政府间气候变化专门委员会（IPCC）第五次评估报告显示，CO_2 是对全球气候变暖贡献最大的气体；CO_2 对全球温室效应的贡献率约为 60%（张晓华等 2014）。随着大气-土壤碳循环理论的发展，土壤参与碳循环也慢慢进入研究者的视线。世界上大约 7%的土地正面临盐碱化的威胁，盐碱土壤面积的不断增加，使得盐碱土壤碳汇的研究具有重要价值（Li 等，2014）。在我国北方，内陆干旱区土壤盐碱化程度高、分布面积广，盐碱土壤大气碳循环理论的探究越来越受关注。

2008 年，*Science* 期刊综合报道了中国新疆碱土和美国莫哈韦盐生沙漠吸收 CO_2 的现象，Stone 等（2008）发现大气 CO_2 丢失的碳库很可能存在于分布广泛的内陆干旱区盐碱土壤中。土壤 CO_2 排放和吸收是一个日出夜进的“无机呼吸”过程，这个过程在广义干旱盐碱土区普遍存在（李彦等，2016）。Carmi 等（2019）研究发现，通过对土壤中可溶性无机碳（DIC）的碳同位素跟踪，发现碳酸盐中的碳来源于大气。Xie 等（2008）研究表明，土壤无机 CO_2 吸收过程很可能是地球上分布广泛的盐碱土壤都存在的自然过程，盐碱土壤无机碳汇能够主导或暂时主导土壤碳汇。

当前，国内关于盐碱土壤碳循环的研究大多集中于新疆地区，而对内蒙古河套灌区盐碱土壤的研究较少，关于盐碱土壤碳汇的观测和研究论文也鲜有报道。内蒙古河套灌区盐碱土壤面积约占内蒙古盐碱土壤面积的一半以上，科学估算盐碱土壤无机碳汇具有较大潜力（温慧洋等，2016）。另外，由于野外条件下存在诸多不可控因素，土壤含盐量与电导率（EC）之间具有良好的线性相关性，EC 可以反映土壤含盐量的性质，可以在实验室通过控制土壤含盐量调控土壤 EC（王境坤，2015）。因此，该研究设置不同 EC 土壤，控制单一变量进行培养实验，探究不同 EC 土壤 CO_2 吸收速率变化趋势、累积吸收量和土壤 EC 之间的关系，以期深入探讨大气-盐碱土壤碳循环过程，为不同盐碱程度土壤减缓温室气体排放提供数据支撑。

7.2 材料与方法

7.2.1 研究区域概况

土壤样品取自内蒙古自治区巴彦淖尔市乌拉特前旗，地理位置为东经108°11′～109°54′，北纬40°28′～41°16′（图7-1），该地区位于我国黄河中上游内蒙古段冲积平原，常年干旱少雨，日照充足，属中温带大陆性气候，年平均气温7.7℃。年平均日照时间是3212.5h。降水集中于7～8月，年平均降水量为213.5mm，年蒸发量为1900～2300mm（刘秉旺，2012；杨劲松，2008）。内蒙古自治区巴彦淖尔市盐碱土地面积约占内蒙古盐渍化面积的57.23%（刘沙滨等，2001）。土壤由第四纪沙湖相红棕色黏土组成。

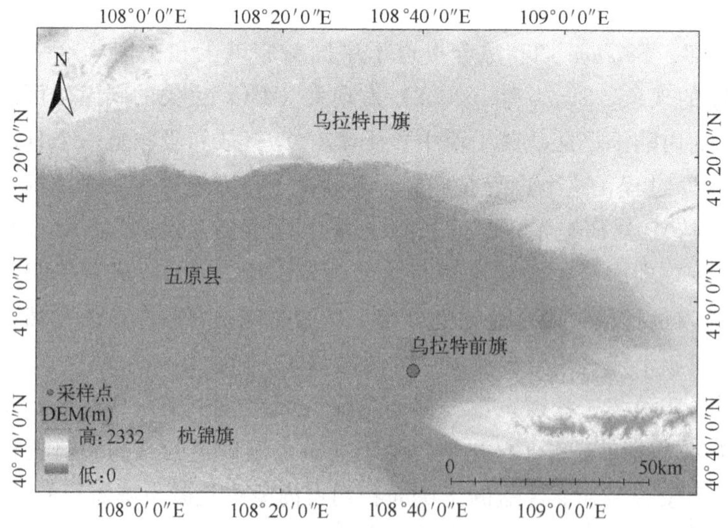

图 7-1 盐碱土壤采样点地理位置

7.2.2 样品采集

采样时间为2018年7月，采样地点选择在地势平坦的裸地（无作物生长），利用便捷式电导率仪（Diret Soil EC Meter 2265FSTP）对试验区域进行选点定位，选取EC为1.5mS/cm的土壤，按照邻近原则布置3个样点，每个样点取 0～20cm 表层土壤，重复取样 3 次，土样混合后，取约 3kg 土壤，去除碎石、秸秆，使用无菌聚乙烯自封袋带回实验室，后经风干、磨碎、过 2mm 筛，用于室内培养实验和土壤理化性质的测定。

7.2.3　土壤基本理化性质测定

土壤理化性质测定内容与方法：pH 值利用 pH Meter 型 pH 仪测定（水土质量比 5∶1）；EC 采用 METTLER TOLEDO- FE38 型电导率仪测定（水土质量比 5∶1）；可溶性无机碳（SDIC）采用双指示剂中和滴定法测定；难溶性无机碳（SIC）采用气量法测定；土壤有机碳（SOC）采用重铬酸钾-外加热法测定；土壤铵态氮（NH_4^+-N）采用纳氏试剂比色法测定；土壤硝态氮（NO_3^--N）采用紫外分光光度法测定。土壤基本理化性质见表 7-1。

表 7-1　土壤基本理化性质

样地	pH 值	EC /(mS/cm)	SDIC /(g/kg)	SIC /(g/kg)	SOC /(g/kg)	NH_4^+-N /(g/kg)	NO_3^--N /(g/kg)
S	8.22±0.8	1.43±0.25	0.150±0.02	58.61±1.28	1.39±0.23	8.63±0.20	4.25±0.21

7.2.4　室内培养实验

称取风干、磨碎、过筛的土壤 50g，放入 250mL 的钠钙玻璃制培养瓶中，加入 5mL 去离子水，进行 7d 的预培养，激活土壤微生物。7d 后将培养瓶取出，测得土壤 pH 值为 8.10±0.2，添加 KCl 溶液调节土壤 EC（表 7-2），并调控培养体系土壤质量含水率为 25%，使用硅胶塞封口，放置于（25±1）℃ SP-01 型生化培养箱内避光培养 216h。每个处理均设置 3 组平行，培养第 6h，第一次抽取气体，之后，每 12h 取一次气体样，120h 后，每 24h 抽取一次气体。气体样品使用气相色谱仪（Agilent-6820）测定 CO_2 质量浓度，仪器工作条件设定：柱温 55℃，进样口温度 130℃，检测器温度 250℃，载气（氮气）流速为 30mL/min，FID 氢气流速为 30mL/min，FID 空气流速为 400mL/min。

表 7-2　外加 KCl 调节土壤 EC

土壤编号	S_1	S_2	S_3	S_4	S_5
EC/(mS/cm)	1.5	10.0	20.0	40.0	80.0

7.2.5 数据分析

土壤 CO_2 累积吸收量：

$$C_{i+1}=C_i+[(F_i+F_{i+1})/2]\times\Delta t \tag{7-1}$$

式中，C_i 和 C_{i+1} 分别为第 i 次和第 $i+1$ 次取样期间 CO_2 累积吸收量，mg/kg；F_i 和 F_{i+1} 分别为第 i 次和第 $i+1$ 次取样期间 CO_2 吸收速率，mg/(kg・h)；Δt 为两次测定时间间隔。

土壤 CO_2 吸收速率：

$$F=\frac{\frac{273}{273+T}\times VM\Delta C}{tm\times 22.4\times 1000} \tag{7-2}$$

式中，F 为土壤 CO_2 吸收速率，mg/(kg・h)；V 为培养瓶上方气体体积，mL；ΔC 为单位时间内气体浓度变化值；M 为 CO_2 摩尔质量，44；T 为生化培养箱内温度，25℃；t 为培养时间，h；m 为培养瓶中土样质量，50g；22.4 为标准状态 CO_2 气体摩尔体积，L/mol。

测定数据采用 Origin 2018 64Bit、Excel 2016 软件进行制图和数据处理，用 SPSS Statistics 17.0 统计软件进行单因素方差分析（ANOVA），用 ArcGis 10.2 软件绘制采样点位置。

7.3 结果与分析

7.3.1 不同 EC 土壤 CO_2 吸收速率变化趋势

在该研究中，培养 0～24h 前，不同 EC 水平的土壤 CO_2 吸收速率均表现为正值（图 7-2），在培养 6h 时，出现峰值。未用 KCl 溶液调节 EC 的土壤 S_1（EC=1.5mS/cm）的 CO_2 吸收速率在培养 6h 时出现最大值 8.86mg/(kg・h)。不同 EC 水平土壤在培养 36h 时出现吸收现象，土壤 S_1～S_5（EC：1.5mS/cm、10mS/cm、20mS/cm、40mS/cm、80mS/cm）CO_2 吸收速率值分别为 −0.89mg/(kg・h)、−1.45mg/(kg・h)、−1.02mg/(kg・h)、−1.36mg/(kg・h)、−2.85mg/(kg・h)。在培养 36～168h 期间，不同 EC 水平土壤 CO_2 吸收速率以吸收特征为主。不同 EC 水平土壤达到吸收峰值的

时间分别为：S_1 在 120h 时达到峰值－2.73mg/(kg·h)；S_2 在 144h 时达到峰值－1.06mg/(kg·h)；S_3 在 84h 时达到峰值－3.6mg/(kg·h)；S_4 在 72h 时达到峰值－2.46mg/(kg·h)；S_5 在 36h 时达到峰值－2.85mg/(kg·h)。各组土壤 CO_2 吸收速率达到吸收峰值时间点显示，土壤 EC 值越高，达到吸收峰值的时间越快。培养 168h 后，土壤 CO_2 吸收速率曲线趋于稳定，数值接近 0。

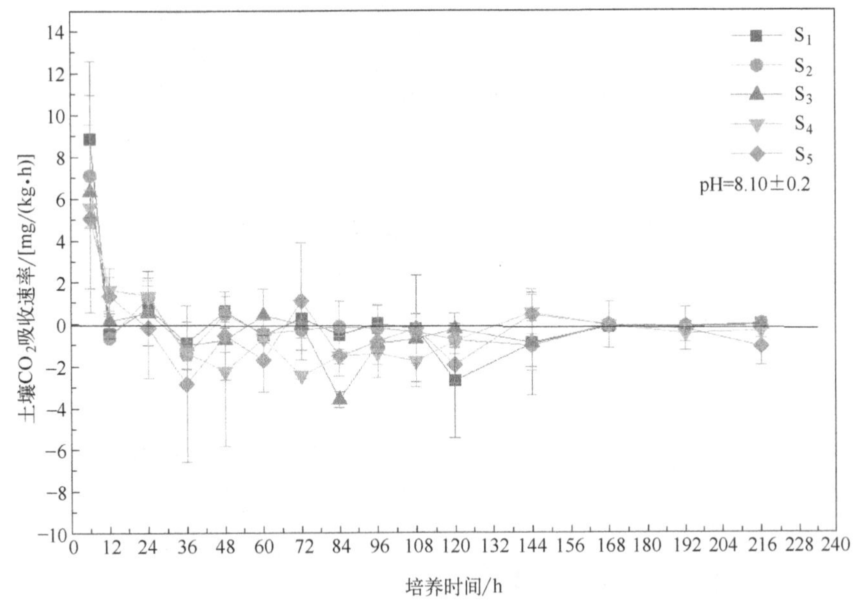

图 7-2　不同 EC 水平土壤 CO_2 吸收速率随培养时间变化特征

7.3.2　土壤 EC 和土壤 CO_2 累积吸收量的关系

不同 EC 水平土壤 CO_2 累积吸收量之间呈现显著差异（$P<0.001$），土壤 EC 越高，土壤 CO_2 累积吸收量越高，土壤 CO_2 吸收越强（图 7-3）。S_1～S_5（EC：1.5mS/cm、10mS/cm、20mS/cm、40mS/cm、80mS/cm）土壤 CO_2 累积吸收量依次增加，分别为－12.71mg/kg、－30.86mg/kg、－46.08mg/kg、－74.8mg/kg、－85.68mg/kg。

土壤 CO_2 累积吸收量和土壤 EC 回归分析（$R^2=0.8637$）显示，不同 EC 水平土壤均表现吸收特征，土壤 CO_2 累积吸收量随土壤 EC 的增大呈线性增加趋势（图 7-4）。

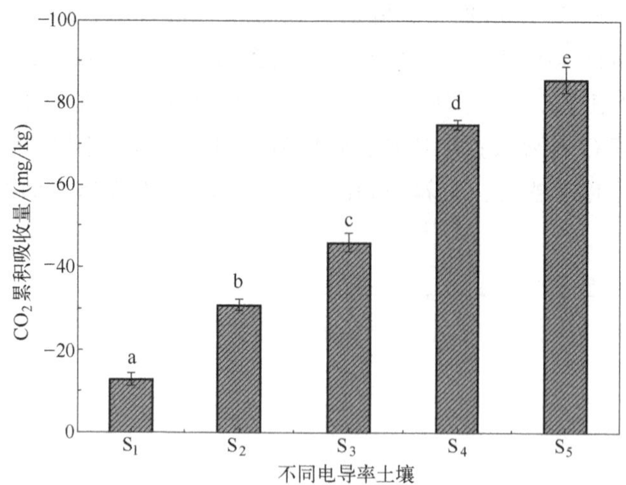

图 7-3　不同 EC 水平土壤 CO_2 累积吸收量

注：不同小写字母表示不同 EC 水平土壤 CO_2 累积吸收量差异显著。

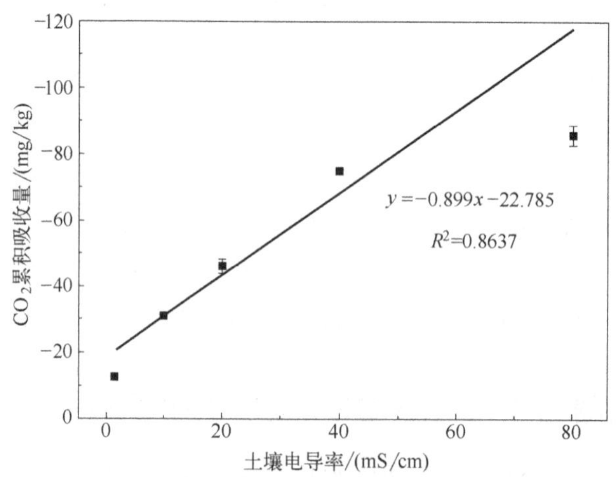

图 7-4　土壤 CO_2 累积吸收量和土壤 EC 的关系

7.4　讨论

土壤 CO_2 吸收受土壤温度、土壤含水量、气温等因素影响。该培养实验设置培养体系温度为 25℃，旨在模拟野外盐碱土壤环境，排除野外温度变化影响；设置土壤含水量为25%，旨在模拟野外原位测定土壤质量含水量，排除降水或空气湿度变化的影响，探究土壤EC对土壤 CO_2 吸收的影响。该研究用KCl调控设定不同EC水平土壤的培养过程显示，土壤EC越高，土壤 CO_2 吸收速率达到峰值的时间越短（图7-2）。随着土壤EC的增大，土壤吸收 CO_2 的能力增强。法科宇等（2018）研究反常的碳过程及其可能的驱动机制认为，荒漠土壤客观存在吸收大气 CO_2 现象。王忠媛等（2013）研究表明，高盐度或碱度对土壤 CO_2 吸收强度具有显著的正向影响，与该研究结果一致，土壤高EC增强土壤 CO_2 吸收。自然条件下，盐碱土壤表现出明显的吸收 CO_2 现象，盐碱土壤 CO_2 日平均吸收速率为0.3～3.01mol/(m^2·s)（Xie等，2009）。

培养期间，不同EC土壤表现出不同的 CO_2 吸收特征。培养36h后，出现吸收现象，168h后趋于稳定。当土壤 CO_2 吸收达到饱和状态时，或土壤微生物生命活动作用下，CO_2 排放与土壤培养体系 CO_2 吸收作用达到平衡，吸收速率接近0。不同EC土壤 CO_2 累积吸收量显示，S_1～S_5（EC：1.5mS/cm、10mS/cm、20mS/cm、40mS/cm、80mS/cm）均表现吸收特征。王忠媛等（2013）通过灭菌方法，拆分土壤 CO_2 通量为土壤无机 CO_2 通量和有机 CO_2 通量，灭菌处理未改变土壤理化性质，通过高温使土壤中的微生物、酶和根系失活，消除了土壤有机 CO_2 通量的源，研究结果表明，土壤无机非生物吸收过程很可能是地球上分布广泛的盐碱土壤都存在的自然过程。盐碱土壤无机碳汇能够主导或暂时主导土壤碳汇（Xie等，2008）。Carmi等（2019）研究表明，土壤可溶性无机碳（SDIC）是干旱半干旱区土壤的重要组成部分。研究pH值7以上的盐碱土壤具有吸收 CO_2 功能这一客观现象表明，通过同位素示踪法得出SDIC来源于大气 CO_2，研究结果可解释部分土壤碳汇效应机理。Duiker等（1999）研究表明，盐碱土壤系统对碳酸盐具有较强的溶蚀作用，溶蚀作用越强，消耗土壤 CO_2 越多，能够减少土壤向大气释放 CO_2，从而增强盐碱土壤碳汇效应。Liu等（2015）在毛乌素沙地研究发现，土壤吸收 $^{13}CO_2$ 后，^{13}C 可能在土壤固相中富集，表明土壤吸收的碳有可能转变为碳酸盐，并形成碳汇。美国Mcgrail等（2017）和冰岛Matter等（2016）向玄武岩矿井中注入 CO_2，2年内生成了大量碳酸盐结核，固定了95%注入的碳，认为这种具备固碳效应的碳酸盐结核快速形成过程可能归因于玄武岩溶解（额外提供了大量 Ca^{2+} 和 Mg^{2+} 等）、碱性水注入、新式注入碳手段和原生/次生碳酸盐溶解过程。法科宇等（2018）研究碳酸盐结核形成过程，对探索“荒漠土壤吸收的碳可能矿化为碳酸盐”具有借鉴意义。综合已有研究结果表明，高 EC 土壤具有吸收 CO_2 的潜力，与该培养实验研究结果的趋势一致。

土壤吸收的 CO_2 可能经过漫长的时间形成碳酸盐，固存在土壤中，CO_2“矿化作用”可能是地球表层岩石与土壤固存 CO_2 的一个缩影。因此，碳酸盐对盐碱土壤碳汇效应的研究将是土壤碳汇研究的一个重要方向。刘再华(2001) 将土壤 CO_2 通量分为土壤有机 CO_2 通量和无机 CO_2 通量，土壤微生物能够分泌胞外碳酸酐酶（CA）并催化 CO_2 和 HCO_3^- 之间的可逆转换（$CO_2+H_2O \rightleftharpoons HCO_3^- + H^+$），使其反应速率提高 109 倍，转化数高达 104～106 倍，为生物作用在全球碳循环中“碳失汇”重新评价提供了理论依据。关于盐碱土壤微生物能否分泌胞外碳酸酐酶并催化 CO_2 和 HCO_3^- 之间的逆转，以及不同 EC 环境微生物特征研究还需要更深层次的微生物实验探究。杨文柱等（2019）研究盐碱土壤温室气体占比数据的精确估算还需要更多实验数据加以验证，合理调控土壤盐含量，提高农业盐碱土壤 CO_2 累积吸收的有效措施，对丰富碳循环理论与节能减排规划都具有特殊意义。

7.5 结论

① 土壤 EC 是调控土壤 CO_2 吸收速率的重要因子，各组土壤在培养期间均表现出吸收特征，EC 越高的土壤达到 CO_2 吸收峰值的时间越短。

② EC 高的盐碱土壤，CO_2 累积吸收量高（$R^2=0.8637$）。高 EC 增加土壤 CO_2 累积吸收量。

本研究存在不足之处，在日后研究中会做出改进，例如：揭示多因子协同调控规律，完善实验体系。此外，今后研究可增加培养周期，同步测定气体与土壤无机碳，深入探究盐碱土壤碳汇效应。盐碱土壤环境多变且复杂，为进一步探明盐碱土壤 CO_2 吸收机理和土壤碳汇效应需要综合土壤微生物、地球环境化学等领域研究，为后续研究提供数据支撑。

第8章

结论、创新点和研究展望

8.1 结论

（1）变形菌纲（α-变形菌纲、β-变形菌纲和 γ-变形菌纲）是盐碱土壤的主要类群

该研究采用变性梯度凝胶电泳（denaturing gradient gel electrophoresis，DGGE）技术对内蒙古河套灌区三种不同盐碱程度土（盐土、强度盐化土、轻度盐化土）不同深度（0～20cm 和 20～30cm）土壤细菌的 16S rDNA V3～V6 可变区扩增片段进行分析，并对土壤理化性质进行了测定。结果表明：细菌群落多样性随土壤盐碱化程度的加深而减少（轻度盐化土＞强度盐化土＞盐土），随土壤深度的增加而降低（0～20cm＞20～30cm）。细菌 Shannon-Wiener 指数在轻度盐化土中最大，为 3.36，在盐土和强度盐化土中分别为 2.49 和 3.05。不同盐碱程度土壤以细菌相似系数聚类，分为 0～20cm 层与 20～30cm 层两大族群，土壤细菌群落 Shannon-Wiener 指数在 0～20cm 层中（盐土为 3.04，强度盐化土为 3.29，轻度盐化土为 3.36）均大于 20～30cm 层（盐土为 2.49，强度盐化土为 3.05，轻度盐化土为 3.14）。相关性分析和 CCA 分析表明，土壤 w(EC)、pH、w(SOC)、w(TP) 和土壤容重是土壤细菌群落结构多样性的显著影响因素，不同盐碱程度土壤中细菌群落的 Shannon-Wiener 指数与土壤 w(EC) （$r=-0.542$，$P<0.05$）、pH （$r=-0.526$，$P<0.05$）和土壤容重（$r=-0.523$，$P<0.05$）呈显著负相关，与土壤 w(SOC) （$r=0.700$，$P<0.01$）和 w(TP) （$r=0.805$，$P<0.01$）呈极显著正相关。w(EC) 和 pH 对盐碱土壤细菌群落结构的影响力最大。回收 DGGE 图谱中 20 个优势条带进行测序分析，结果显示，变形菌纲（α-变形菌纲、β-变形菌纲和 γ-变形菌纲）是盐碱土壤的主要类群。

（2）土壤甲烷氧化菌比活性是不同盐碱程度土壤 CH_4 吸收潜力差异的根本原因

不同盐含量以及外源 CH_4 浓度对盐碱土壤 CH_4 吸收的影响机制通过室内培养实验进行研究，设定大气外源 CH_4 浓度［$(2.5\pm0.1)\mu L/L$］和高外源 CH_4 浓度［$(6451.6\pm2.9)\mu L/L$］，调节盐碱土壤盐含量，探究不同盐碱程度土壤 CH_4 吸收潜力的变化趋势。结果表明：两种外源 CH_4 浓度，无外源盐添加的不同盐碱程度土壤 S_{A1}（轻度盐化土）、S_{B1}（强度盐化土）、S_{C1}

（盐土）均表现为随盐碱程度增加，CH_4 累积吸收量降低的趋势，即 $S_{A1}>S_{B1}>S_{C1}$；不同外源 CH_4 浓度，CH_4 累积吸收量表现为高外源 CH_4 浓度（$4.10\times10^4\mu g/kg$）远远大于大气外源 CH_4 浓度（$6.85\mu g/kg$）。此外，通过实时荧光定量 PCR 技术检测与计算得到不同盐碱程度土壤甲烷氧化菌丰度、甲烷氧化菌比活性。3 种不同盐碱程度土壤，盐含量增加，土壤甲烷氧化菌比活性降低，CH_4 累积吸收量亦降低，盐含量较高的土壤（S_{B1}、S_{C1}）加入外源盐后，CH_4 吸收量明显降低。因此，两种外源 CH_4 浓度，不同盐碱程度土壤甲烷氧化菌比活性越高，CH_4 累积吸收量越大；盐碱土壤甲烷氧化菌比活性变化量越大，CH_4 累积吸收变化量越高。说明在两种不同外源 CH_4 浓度下，土壤甲烷氧化菌比活性不同是不同盐碱程度土壤 CH_4 吸收潜力存在差异的根本原因。

（3）无机碳一部分以 DIC 形式随淋溶液淋出到地下水中

干旱盐碱区高风化土壤-地下水无机碳的固存机制研究利用室内土柱淋溶模拟实验结合回归分析，设置 5 个土壤电导率（EC＝0.899mS/cm、10mS/cm、20mS/cm、40mS/cm、80mS/cm）处理，依次编号为 S_0、S_1、S_2、S_3、S_4，每个处理重复 2 次，共计 10 个土柱（内径 7.5cm，高 120cm），研究无机碳在不同盐碱程度土壤及淋出液中的分布、运移转化及其影响因素。结果表明：

① 土壤及淋出液无机碳含量均随土壤电导率的增大呈先增后降的变化趋势。其中，淋出液溶解性无机碳（DIC）和土壤难溶性无机碳（SIC）含量在电导率为 10mS/cm 处理下最高（淋溶后分别可达 431.58mg/L 和 128.91g/kg），并且该处理下淋出液 DIC 含量随淋溶时间延长持续增加；土壤可溶性无机碳（SDIC）含量在电导率为 20mS/cm 处理下高于其他处理，在表层（0～30cm）有最高值（淋溶后可达 0.66g/kg），随深度增加而降低。电导率为 0～20mS/cm 处理下，表层土壤 SIC 含量低于深层（60～100cm）土壤；电导率为 40mS/cm 和 80mS/cm 处理下，土壤及淋出液无机碳含量均降低，土壤 SIC 在表层积聚，随深度增加而降低。

② 淋出液 DIC 与 EC 呈显著负相关（$R^2=0.86$，$P<0.01$），与 pH 呈显著正相关（$R^2=0.94$，$P<0.01$）；土壤 SDIC 与土壤 EC 呈显著负相关（$R^2=0.38$，$P<0.05$），与土壤 pH 呈显著正相关（$R^2=0.81$，$P<0.01$）；土壤 SIC 与土壤 EC 呈显著负相关（$R^2=0.34$，$P<0.05$），与土壤 pH 无明显相关性（$R^2=0.06$，$P>0.05$）。pH 和 EC 都是影响土壤及淋出液中无机碳含量的重要因素，pH 对溶解性无机碳的影响高于 EC，土壤难溶性无机碳

主要受 EC 影响。总而言之，在干旱盐碱区高风化土壤的淋溶过程中，无机碳一部分以 DIC 的形式随淋溶液淋出到地下水中，另一部分以 SDIC 和 SIC 的形式存在于土壤中。

（4）土壤甲烷氧化菌比活性低，CH_4 吸收速率低

本研究通过室内 CH_4 培养实验，采用实时荧光定量 PCR 技术，研究 3 种不同盐碱程度土壤即轻度盐化土（S_A）、强度盐化土（S_B）、盐土（S_C）的 CH_4 吸收速率和甲烷氧化菌比活性。以含有甲烷氧化菌功能基因 *pmoA* 片段的重组质粒为标准品，测得标准曲线的相关系数 R^2 为 0.9977，扩增效率为 86%，溶解曲线峰值均一。结果表明 3 种不同盐碱程度土壤即轻度盐化土（S_A）、强度盐化土（S_B）、盐土（S_C）的 CH_4 吸收速率分别为 28.4ng/(kg·h)、20.6ng/(kg·h)、17.7ng/(kg·h)，表现为轻度盐化土（S_A）>强度盐化土（S_B）>盐土（S_C）。土壤 CH_4 吸收速率与土壤甲烷氧化菌比活性呈显著正相关，$r=0.788$（$P<0.05$，$n=9$）。由 Monte Carlo 法检验后表明：pH、土壤浸提液电导率 EC 与土壤甲烷氧化菌比活性呈显著负相关，相关系数分别为 -0.943（$P<0.01$）和 -0.895（$P<0.01$），而容重（ρ_b）、总磷（TP）、总氮（TN）、有机碳（OC）与土壤甲烷氧化菌比活性无显著相关性（$P>0.05$）。较高 pH 和 EC 的盐碱土壤，土壤甲烷氧化菌比活性低，CH_4 吸收速率低。

（5）土壤 EC 的增大驱动可溶性无机碳和盐基离子积聚

干旱区盐碱土壤可溶性无机碳的动态分布特征研究选取内蒙古河套灌区 7 种不同电导率土壤的 0～100cm 剖面，采用邻近样地随机布点的方法，研究该地区土壤可溶性无机碳和盐基离子的剖面分布规律。结果表明：土壤含盐量对可溶性无机碳含量及盐基离子含量具有重要影响，不同含盐量土壤（S_1～S_7）的可溶性无机碳平均含量随电导率的增大而逐渐降低；随土壤深度的加深呈先减少后增加趋势，表现为浅层（0～50cm）含量少，深层（50～100cm）积聚；可溶性无机碳储量随电导率的增大而逐渐降低。不同含盐量土壤（S_1～S_7）盐基离子含量随电导率的增大而增加；随土壤深度的加深盐基离子含量逐渐减少，具有较强的表聚性。研究区域土壤盐基离子组成以 Ca^{2+}、SO_4^{2-} 为主，平均含量分别占离子总量的 27%和 29%；K^+、Mg^{2+} 含量较少，平均含量分别占离子总量的 13%和 7%。通过相关性分析，土壤可溶性无机碳含量与 EC 呈显著负相关（$R^2=0.83$，$P<0.05$），与 pH 无显著相关性（$R^2=0.17$，$P>0.05$），盐基离子平均含量与 EC 呈显著正相关

(R^2=0.85，P<0.05)，与 pH 无显著相关性 (R^2=0.07，P>0.05)，表明土壤 EC 的增大会影响可溶性无机碳和盐基离子的积聚。

(6) 盐碱土壤 EC 值升高，增加 CO_2 吸收速率和累积吸收量

盐碱土壤 CO_2 吸收机理及影响因素研究通过室内实验，利用外源盐调节土壤电导率 (electrical conductivity，EC)，探究盐碱土壤 CO_2 吸收速率的变化趋势、累积吸收量和土壤 EC 之间的关系。结果表明：培养期间，土壤样品在 36h 时出现吸收现象，并且 EC 值高的土壤达到 CO_2 吸收速率峰值时间短。回归分析显示，土壤 CO_2 累积吸收量随 EC 的增大而增加 (R^2 = 0.8637)。单因素方差分析发现，不同电导率土壤，CO_2 累积吸收量均具有显著差异 (P<0.001)。土壤 EC 是影响盐碱土壤 CO_2 吸收变化的重要因素，土壤 EC 值升高，增加盐碱土壤对 CO_2 的吸收速率和土壤 CO_2 累积吸收量。

8.2 创新之处

和国际同类研究比较，该研究以内蒙古河套灌区盐碱土壤为研究对象，具有明显的国家区域特色。

研究创新之处在于：

① 将盐碱土壤 CO_2、CH_4 通量同土壤盐碱程度、土壤理化因素、微生物因素、水肥管理和气候因素等因子相结合，综合应用生物过程系统化和模式化作用关系，揭示地理分布、不同盐碱程度和不同农业生产方式对盐碱土壤碳迁移转化的影响，确定盐碱土壤 CO_2、CH_4 通量变化主要影响因子，阐明盐碱土壤 CO_2、CH_4 通量动态分布的土壤机制。

② 将盐碱土壤不同盐碱程度和不同农业生产方式同 CO_2、CH_4 通量变化的影响和土壤碳汇功能相结合。

③ 将盐碱土壤不同盐碱程度和不同农业生产方式同温室气体减排和农业生产效益的影响评估相结合。

8.3 研究展望

内蒙古地区盐碱土壤 CO_2、CH_4 通量研究无论在观测时间还是观测位点数目上，相对比较薄弱，对河套灌区盐碱土壤 CO_2、CH_4 通量原位观测研究尚缺乏系统性，在以下几方面亟待加强：

① 全球盐碱土壤面积不断扩大，缺乏不同生态条件农田生态系统盐碱土壤 CO_2、CH_4 通量野外原位观测研究。

② 针对不同盐碱程度土壤、不同水肥耦合管理对碳循环变化过程和强度影响的原位测定结果尚未见报道，不同盐碱程度、不同水肥耦合水平对盐碱土壤 CO_2、CH_4 的减排效果和固碳潜力还很难评估。

③ 盐碱土壤 CO_2、CH_4 迁移、转化和储存形式的驱动机制及其最终去向尚不清楚，盐碱土壤碳转移在调节全球大气 CO_2、CH_4 动态方面的作用及其对气候变化的响应尚不确定，尚需对盐碱土壤 CO_2、CH_4 源汇效应的影响机理进行系统研究。

④ 尚无综合土壤理化因素（土壤电导率、土壤 pH、碳酸盐、土壤质地、土壤 DOC 含量、土壤水分和温度等）、微生物因素、气候因素（光照、降水、湿度和温度等）和生物因素（生物量等）对盐碱土壤 CO_2、CH_4 吸收差异驱动作用的集成研究及相关报道。

⑤ 土壤有机 CO_2 通量和无机 CO_2 通量对盐碱土壤 CO_2 通量的贡献仍不明确，尚需确定盐碱土壤碳循环和盐碱土壤 CO_2 通量变化驱动机制。

参 考 文 献

Aamio T, Martikainen P J. 1996. Mineralization of carbon and nitrogen, and nitrification in Scots pine forest soil treated with fast and slow release nitrogen fertilizers [J]. Biology and Fertility of Soils, 22 (3): 214-220.

Adrian H, Claudia L, Peter F. 2011. Recovery of methanotrophs from disturbance: Population dynamics, evenness and functioning [J]. The ISME Journal, 5 (4): 750-758.

Akhtar M, Hussain F, Ashraf M Y, et al. 2012. Influence of salinity on nitrogen transformations in soil [J]. Communications in Soil Science and Plant Analysis, 43 (12): 1674-1683.

AM undson R, Stern L, Baisden T, et al. 1998. The isotopic composition of soil and soil-respired CO_2 [J]. Geoderma, 82 (1-3): 83-114.

Angel R, Conrad R. 2009. In situ measurement of methane fluxes and analysis of transcribed particulate methane monooxygenase in desert soils [J]. Environmental Microbiology, 11: 2598-2610.

Araujo A S F, Borges C D, Tsai S M, et al. 2014. Soil bacterial diversity in degraded and restored lands of Northeast Brazil [J]. Antonie van Leeuwenhoek, 106 (5): 891-899.

Aronson E L, Helliker B R. 2010. Methane flux in non-wetland soils in response to nitrogen addition: A meta-analysis [J]. Ecology, 91 (11): 3242-3251.

Badia D. 2000. Potential nitrification rates of semiarid cropland soils from the central Ebro Valley, Spain [J] . Arid Soil Research and Rehabilitation, 14 (3): 281-292.

Bender M, Conrad R. 1995. Effect of CH_4 concentrations and soil conditions on the induction of CH_4 oxidation activity [J]. Soil Biology and Biochemistry, 27: 1517-1527.

Bhattacha R T, Pal D K, Velayutham M, et al. 2001. Total carbon stock in indian soils: Issues, priorities and management [M] / /Land resource management for food and fnvironmental security. New Delhi, India: Soil Conservation Society of India, 1-46.

Blair G J, Lefroy R D B, Lisle L. 1995. Soil carbon fractions based on their degree of oxidation, and the development of a carbon management index for agricultural systems [J]. Australian Journal of Agricultural Research, 46 (7): 1459-1466.

Boeckx P, Van Cleemput O, Villaralvo I. 1991. Methane oxidation in soils with different textures and land use [J]. Nutrient Cycling in Agroecosystems, 49: 91-95.

Brock T D. 1987. The study of microorganisms in situ: Progress and problems [J]. Symposium of the Society for General Microbiology, 41: 1-17.

Bruce J P. 1999. Carbon sequestration in soils [J]. Science, 54 (1): 382-389.

Carmi I, Kronfeld J, Moinester M. 2019. Sequestration of atmospheric carbon dioxide as inorganic carbon in the unsaturated zone under semi-arid forests [J]. Catena, 173: 93-98.

Catherine A L, Rob K. 2007. Global patterns in bacterial diversity [J]. Proceedings of the National Academy of Sciences, 104: 11436-11440.

César V E, Rocio J A H, Isabel E A, et al. 2012. The archaeal diversity and population in a drained alkaline saline soil of the former lake Texcoco (Mexico) [J]. Geomicrobiology Journal, 29 (1): 18-22.

Chambers L G, Reddy K R, Osborne T Z. 2011. Short-term response of carbon cycling to salinity pulses in a freshwater wetland [J]. Soil Science Society of America, 75 (5): 2000-2007.

Chandra S, Joshi H C, Pathak H, et al. 2002. Effect of potassium salts and distillery effluent on carbon mineralization in soil [J]. Bioresource Technology, 83 (3): 255-257.

Cheng Y, Cai Z C, Scott X, et al. 2013. Effects of soil pH and salt on N_2O production in adjacent forest and grassland soils in central Alberta, Canada [J]. Journal of Soils and Sediments, 13: 863-868.

Christopher D C. 2006. Impact of cattle grazing and inorganic fertiliser additions to managed grasslands on the microbial community composition of soils [J]. Applied Soil Ecology, 31 (1/2): 73-82.

Cicerone R J, Oremland R S. 1988. Biogeochemical aspects of atmospheric methane [J]. Global Biogeochemical Cycles, 2: 299-327.

Conrad R. 1984. Capacity of aerobic microorganisms to utilize and grow on atmospheric trace gases [J]. American society for microbiology, 461-467.

Constancias F, PRÉVOST-BOURÉ N C, Terrat S, et al. 2013. Microscale evidence for a high decrease of soil bacterial density and diversity by cropping [J]. Agronomy for Sustainable Development, 1-10.

Dalal R C, Allen D E, Livesley S J, et al. 2008. Magnitude and biophysical regulators of methane emission and consumption in the Australian agricultural, forest and submerged landscapes: A review [J]. Plant and Soil, 309 (1-2): 43-76.

Degryze S, Six J, Paustian K, et al. 2004. Soil organic carbon pool changes following land use conversions [J]. Global Change Biology, 10 (7): 1120-1132.

Dimitry Y, Sorokin B E, Jones J, et al. 2000. An obligate methylotrophic, methane-oxidizing methylomicrobium species from a highly alkaline environment [J]. Extremophiles, 4: 145-155.

Dong X L, Reddy G B. 2010. Soil bacterial communities in constructed wetlands treated with swine wastewater using PCR-DGGE technique [J]. Bioresource Technol, 101 (4): 1175-1182.

Duiker S W, Lal R. 1999. Crop residue and tillage effects on carbon sequestration in a Luvisol in central Ohio [J]. Soil & Tillage Research, 52 (1-2): 73-81.

Dunfield P F, Khmelenina V N, Suzina N E, et al. 2003. Methylocella silvestris sp. Nov., a novel methanotroph isolated from an acidic forest cambisol [J]. International Journal of Systematic and Evolutionary Microbiology, 53 (5): 1231-1239.

Elgharably A, Marschner P. 2011. Microbial activity and biomass and N and P availability in a saline sandy loam amended with inorganic N and lupin residues [J]. European Journal of Soil Biology, 47 (5): 310-315.

Esteban G J, Robert B J. 2001. The distribution of soil nutrients with depth: Global patterns and the imprint of plants [J]. Biogeochemistry, 53 (1): 51-77.

Evans R D, Koyama A, Sonderegger D L. 2014. Greater ecosystem carbon in the Mojave Desert after ten years exposure to elevated CO_2 [J]. Nature Climate Change, 4 (5): 394-397.

Fa K Y, Liu Z, Zhang Y Q, et al. 2016. Abiotic carbonate dissolution traps carbon in a semiarid desert [J]. Scientific Reports, 6: 23570. DOI: 10. 1038/srep23570.

Fa K Y, Zhang Y Q, Wu B, et al. 2016. Patterns and possible mechanisms of soil CO_2, uptake in sandy soil [J]. Science of the Total Environment, 544: 587-594.

Fang H J, Cheng S L, Yu G R. 2014. Low-level nitrogen deposition significantly inhibits methane uptake from an alpine meadow soil on the Qinghai-Tibetan Plateau [J]. Geoderma, 213: 444-452.

Fernandez-Luqueno F, Marsch R, Espinosa-Victoria D, et al. 2008. Remediation of PAHs in a saline-alkaline soil amended with waste water sludge and the effect on dynamics of C and N [J]. Science of the Total Environment, 402: 18-28.

Fierer N, Jackson R B. 2006. The diversity and biogeography of soil bacterial communities [J]. PNAS, 103 (3): 626-631.

Fung I Y, Doney S C, Lindsay K, et al. 2005. Evolution of carbon sinks in a changing climate [J]. Proceedings of the National Academy of Sciences of the United States of America, 102 (32): 11201.

Gao F, Huang Q, Sun X Y, et al. 2011. Study on dynamic changes of the soil salinization in the upper stream of the tarim river based on RS and GIS [J]. Procedia Environmental Sciences, 11: 1135-1141.

Garcia-Gil J C, Plaza C, Soler-Rovira P, et al. 2000. Long-term effects of municipal solid waste compost application on soil enzyme activities and microbial biomass [J]. Soil Biology & Biochemistry, (32): 1907-1913.

Garland J L, Mills A L. 1991. Classification and characterization of heterotrophic microbial communities on the basis of patterns of community-level sole-carbon-source utilization [J]. Applied and environmental microbiology, 57 (8): 2351-2359.

Gombert P. 2002. Role of karstic dissolution in global carbon cycle [J]. Global and Planetary Change, 33 (1-21): 177-184.

Griffiths R I, Whitelely A S, O'donnell A G, et al. 2003. Physiological and community responses of established grassland bacterial populations to water Stress [J]. Applied and Environmental Microbiology, 69 (12): 6961-6968.

Grosso S J D, Parton W J, Mosier A R, et al. 2000. General CH_4 oxidation model and comparisons of CH_4 oxidation in natural and managed systems [J]. Global Biogeochemical Cycles, 14 (4): 999-1019.

Guy C J A, Nancy S P, Angela S, et al. 2009. Grazing affects methanotroph activity and diversity in an alpine meadow soil [J]. Environmental Microbiology Reports, 1: 457-465.

Henchel T, Jachel U. 2000. Molecular analyses of novel methanotrophic communities in forest soil that oxidize atmospheric [J]. Applied and Environmental Microbiology, 66: 1801-1808.

Hou L Y, Wang Z P, Wang J M, et al. 2012. Growing season in situ uptake of atmospheric methane by desert soils in a semiarid region of northern China [J]. Geoderma, 189: 415-422.

Intergovernmental Panel on Climate Change. 2007. Climate change 2007-the physical science basis contribution of working group I to the fourth assessment report of the Intergovernmental Panelon Climate Change [D]. Cambridge University Press.

IPCC (Intergovernmental Panel on Climate Change). 2005. IPCC Special Report on Carbon Dioxide Capture and Storage//Metz B, Davidson O, de Coninck H C, et al. Working Group Ⅲ of the Intergovernmental Panel on Climate Change [M]. New York: Cambridge University Press.

IPCC. Climate Change 2014: Impacts, Adaptation, and Vulnerability [M]. Contribution of Working Group Ⅱ to the Fifth Assessment Report of the Intergovernmental Panel on Climate Change. Cambridge, United Kingdom and New York, NY, USA: Cambridge University Press, 2014.

Jeremy D S, Alan A D, Sukhwan Y. 2010. Methanotrophs and copper [J]. FEMS Microbiology Reviews, 34 (4): 496-531.

Joos F. 1994. Imbalance in the budget [J]. Nature, 370 (6486): 181-182.

Jose L，Diaz-Hernandez A，Enrique B F. 2003. Organic and inorganic carbon in soils of semiarid regions：A case study from the Guadix-Baza basin（Southeast Spain）[J]. Geoderma，114：65-80.

Katrin W，Heiner F，Edzo V. 2012. Atmospheric methane uptake by tropical montane forest soils and the contribution of organic layers [J]. Biogeochemistry，111（1-3）：469-483.

Kelley D S，Karson J A，Früh-Green G L，et al. 2005. A serpentinite-hosted ecosystem：The Lost City hydrothermal field [J]. Science，307（5714）：1428-1434.

Killham K. 1994. Soil Ecology [M]. Cambridge：Cambridge University Press.

Kindler R，Siemens J，Kaiser K，et al. 2011. Dissolved carbon leaching from soil is a crucial component of the net ecosystem carbon balances [J]. Global Change Biology，17（2）：1167-1185.

King G M，Schnell S. 1998. Effects of ammonium and non-ammonium salt additions on methane oxidation by methylosinus trichosporium OB3b and maine forest soils [J]. Applied and Environmental Microbiology，64：253-257.

Kohl L，Cumming E，Cox A，et al. 2016. Exploring the metabolic potential of microbial communities in ultra-basic，reducing springs at the Cedars，CA，US：Experimental evidence of microbial methanogenesis and heterotrophic acetogenesis [J]. Journal of Geophysical Research—Biogeosciences，121（4）. DOI：10. 1002/2015JG003233.

Kolb S，Knief C，Dunfield P F，et al. 2005. Abundance and activity of uncultured methanotrophic bacteria involved in the consumption of atmospheric methane in two forest soils [J]. Environ Microbiol，7：1150-1161.

Krull E G，Bray S S. 2005. Assessment of vegetation change and landscape variability by using stable carbon isotopes of soil organic matter [J]. Australian Journal of Botany，53：651-661.

Lal R. 2004. Carbon sequestration in dryland ecosystems [J]. Environmental Management，33（4）：528-544.

Lal R. 2004. Soil C sequestration impacts on global climatic change and food security [J]. Science，304：1623-1627.

Lehendet P，Gallagher E D. 2001. Ecologically meaningful transformations for ordination of species data [J]. Oologa.

Li J，Pu L，Han M，et al. 2014. Soil salinization research in China：Advances and prospects [J]. Journal of Geographical Sciences，24（5）：943-960.

Li Y，Wang Y，Houghton R A，et al. 2015. Hidden carbon sink beneath desert [J]. Geophysical Research Letters，42（14）：5880-5887.

Li Y, Zhang C, Wang N, et al. 2017. Substantial inorganic carbon sink in closed drainage basins globally [J]. Nature Geoscience, 10 (13).

Li Z P, Han F X, Su Y. 2007. Assessment of soil organic and carbonate carbon storage in China [J]. Geoderma, 138: 119-126.

Lin J L, Joye S B, Scholten J C M, et al. 2005. Analysis of methane monooxygenase genes in mono lake suggests that increased methane oxidation activity may correlate with a change in methanotroph community structure [J]. Applied and Environmental Microbiology, 71 (10): 6458-6462.

Lin X W, Wang S P, Hu Y G, et al. 2015. Experimental warming increases seasonal methane uptake in an alpine meadow on the Tibetan Plateau [J]. Ecosystems, 18 (2): 274-286.

Liu J, Fa K, Zhang Y, et al. 2015. Abiotic CO_2 uptake from the atmosphere by semiarid desert soil and its partitioning into soil phases [J]. Geophysical Research Letters, 42 (14): 5779-5785.

Liu J, Zhang D, et al. 2011. Effects of carbon dioxide enrichment and nitrogen addition on inorganic carbon leaching in subtropical model forest ecosystems [J]. Ecosystems, 14 (5): 683-697.

Liu J B, Fa K Y, Zhang Y Q, et al. 2015. Abiotic CO_2 uptake from the atmosphere by semiarid desert soil and its partitioning into soil phases [J]. Geophysical Research Letters, 42 (14): 5779-5785.

Liu J H. 2008. Research progress of development and control of saline land [J]. Journal of Shanxi Agricultural Science, 2008, 36 (12): 51-53.

Liu Z, Dreybrodt W, Wang H. 2010. A new direction in effective accounting for the atmospheric CO_2 budget: Considering the combined action of carbonate dissolution, the global water cycle and photosynthetic uptake of DIC by aquatic organisms [J]. Earth-Science Reviews, 99 (13-41): 162-172.

Liu Z H, Macpherson G L, Groves C, et al. 2018. Large and active CO_2 uptake by coupled carbonate weathering [J]. Earth-Science Reviews, 182: 42-49.

Loginow W W, Winsniewski S G, Ciescinska B. 1987. Fractionation of organic carbon based on susceptibility to oxidation [J]. Polish Journal of Soil Science, 20: 47-52.

Low A P, Stark J M, Dudley L M. 1997. Effects of soil osmotic potential on nitrification, ammonification, N-assimilation, and nitrous oxide production [J]. Soil science, 162 (1): 16-27.

Lyautey E, Lacoste B, Ten-Hage L, et al. 2005. Analysis of bacterial diversity in river biofilms using 16S r DNA PCR-DGGE: Methodological settings and fingerprints interpretation [J]. Water Res, 39 (2/3): 380-388.

Ma J, Liu R, Tang L S, et al. 2014. A downward CO_2 flux seems to have nowhere to go [J]. Biogeosciences, 11 (22): 6251-6262.

Mann L, Tolbert V. 2000. Soil sustainability in renewable biomass plantings [J]. Ambio, 29 (8): 492-498.

Matter J M, Stute M, Snbjrnsdottir S, et al. 2016. Rapid carbon mineralization for permanent disposal of anthropogenic carbon dioxide emissions [J]. Science, 352 (6291) : 1312-1318.

Mcgrail B P, Schaef H T, Spane F A, et al. 2017. Field Validation of Supercritical CO_2 Reactivity with Basalts [J]. Environmental Science & Technology Letters, 4 (1): 6-10.

Melnikov N B, O' Neill B C. 2006. Learning about the carbon cycle from global budget data [J]. Geophysical Research Letters, 33 (2): L02705.

Mendum T A, Socket R E, Hirsch P R. 1999. Use of the subdivision of the class Proteobacteria in arable soils to nitrogen fertilizer [J]. Applied and Environmental Microbiology, 65: 4155-4162.

Menyailo O V, Hungate B A, Abraham W R, et al. 2008. Changing land use reduces soil CH_4 uptake by altering biomass and activity but not composition of high-affinity methanotrophs [J]. Global Change Biology, 14 (10): 2405-2419.

Meybeck M. 2003. Global analysis of river systems: From Earth system controls to anthropocene syndromes [J]. Phil Trans R Soc Lond B, 358: 1935-1955.

Middelburg J J, Nieuwenhuize J, Iversen N, et al. 2002. Methane distribution in European tidal estuaries [J]. Biogeochemistry, 59: 95-119.

Monger H C, Kraimer R A, Khresat S, et al. 2015. Sequestration of inorganic carbon in soil and groundwater [J]. Geology, 43 (5): 375-378.

Moschetti G, Aponte M, Blaiotta G, et al. 2006. Characterization of halophilic Archaea isolated from different hypersaline ecosystems [J]. Annals of microbiology, 56 (2): 119-127.

Nanba K, KING A M. 2000. Response of atmospheric methane consumption by maine forest Soils to exogenous aluminum salts [J]. Applied and Environmental Microbiology, 66 (9): 3674-3679.

Nancy S S, Cesar V E, Rodolfo M, et al. 2014. Changes in methane oxidation activity and methanotrophic community composition in saline alkaline soils [J]. Extremophiles, 18 (3): 561-571.

Niemi R M, Heiskanen I, Wallenius K, et al. 2001. Extraction and purification of DNA in rhizosphere soil samples for PCR-DGGE analysis of bacterial consortia [J]. Journal of Microbiological Methods, 45 (3): 155-165.

Oelbermanna M, Voroneyb R P. 2007. Carbon and nitrogen in a temperate agroforestry system: Using stable isotopes as a tool to understand soil dynamics [J]. Ecological Engineering, 29: 342-349.

Osudar R, Matousu A, Alawi M, et al. 2015. Environmental factors affecting methane distribution and bacterial methane oxidation in the German Bight (North Sea) [J]. Estuarine Coastal and Shelf Science, 160: 10-21.

Pan G, Guo T. 1999. Pedogenic carbonates in aridic soils of China and significance for terrestrial carbon transfer [M]. New York: Lewis Publishers, 135-148.

Pan G X. 1999a. Pedogenic carbonates in aridic soils of China and the significance in terrestrial carbon transfer [J]. Journal of Nanjing Agricultural University, 22 (1): 51-57.

Pan G X. 1999b. Study on carbon reservoir in soils of China [J]. Bulletin of Science and Technology, 15 (5): 330-332.

Parry M L. 2007. Climate Change 2007-Impacts, Adaptation and Vulnerability. Working group I contribution to the fourth assessment report of the IPCC [R]. Cambridge University Press, 4.

Penélope S O, Roland M, Sanchez-Moral S, et al. 2010. Hidden, abiotic CO_2 flows and gaseous reservoirs in the terrestrial carbon cycle: Review and perspectives [J]. Agricultural and Forest Meteorology, 150 (3): 321-329.

Philippe L, Frederic B, Jean-Baptiste F. 2008. Estimation of soil clay and calcium carbonate using laboratory, field and air-borne hyperspectral measurements [J]. Remote Sensing of Environment, 3 (12): 825-835.

Post W M, Emanuel W R, Stangenberger A G. 1982. Soil carbon pools and world life zones [J]. Nature, 298 (5870): 156-159.

Quesada E, Ventosa A, Rodriguez-Valera F, et al. 1982. Types and properties of some bacteria isolated from hypersaline soils [J]. J Appl Microbiol, 53: 155-161.

Reay D S, Nedwell D B, McNamara N, et al. 2005. Effect of tree species on methane and ammonium oxidation capacity in forest soils [J]. Soil Biology and Biochemistry, 37: 719-730.

Reche I, Pulido-Villena E, Morales-Baquero R, et al. 2005. Does ecosystem size determine aquatic bacterial richness [J]. Ecology, 86 (7): 1715-1722.

Rovira P, Vallejo V R. 2008. Changesin $\delta^{13}C$ composition of soil carbonates driven by organic matter decomposition in a Mediterranean climate: A field incubation experiment [J]. Geoderma, 144: 517-534.

Sahrawat K L. 2003. Importance of inorganic carbon in sequestering carbon in soils of the dry regions [J]. Current Science, 84 (7): 864-865.

Schimel D S. 1995. Terrestrial ecosystems and the carbon cycle [J]. Global Change Biology, 1 (1): 77-91.

Schindler D W. 1999. Carbon cycling: The mysterious missing sink [J]. Nature, 398 (6723): 105-107.

Schlesinger W H. 2001. Carbon sequestration in soils: Some cautions amidst optimism [J]. Agriculture Ecosystems & Environment, 82 (1): 121-127.

Schlesinger W H. 2017. An evaluation of abiotic carbon sinks in deserts [J]. Global Change Biology, 23 (1): 25-27.

Schrenk M O, Brazelton W J, Lang S Q. 2013. Serpentinization, carbon, and deep life [J]. Reviews in Mineralogy and Geochemistry, 75 (1): 575-606.

Schuman G E, Janzen H H, Herrick J E. 2002. Soil carbon dynamics and potential carbon sequestration by rangelands [J]. Environmental Pollution, 116 (3): 391-396.

Shanhun F L, Almond P C, Clough T J, et al. 2012. Abioticprocesses dominate CO_2 fluxes in Antarctic soils [J]. Soil Biology & Biochemistry, 53: 99-111.

Silva C C, Guido M L, Ceballos J M, et al. 2008. Production of carbon dioxide and nitrous oxide in alkaline saline soil of Texcoco at different water contents amended with urea: A laboratory study [J]. Soil Biology & Biochemistry, 40 (7): 1813-1822.

Simpeon I J, Edwards G C, Thurtell G W. 1999. Variations in methane and nitrous oxide mixing ratios at the southern boundary of a Canadian boreal forest [J]. Atmospheric Environment, 33 (7): 1141-1150.

Singh B K, Nunan N, Ridgway K P, et al. 2008. Relationship between assemblages of my corrhizal fungi and bacteria on grass roots [J]. Environmental Microbiology, 10 (2): 534-541.

Smalla K, Wieland G, Buchner A, et al. 2001. Bulk and rhizosphere, soil bacterial communities studied by denaturing gradient gel electrophoresis: Plant-dependent enrichment and seasonal shifts revealed [J]. Applied and Environmental Microbiology, 67: 4742-4751.

Smith N R, Kishchuk B E, Mohn W W. 2008. Effects of wildfire and harvest disturbances on forest soil bacterial communities [J]. Applied and Environmental Microbiology, 74 (1): 216-224.

Smith P, Martino D, Cai Z, et al. 2008. Greenhouse gas mitigation in agriculture [J]. Philosophical Transactions of the Royal Society B, 363: 789-813.

Steinkamp R, Butterbach B H, Papen H. 2001. Methane oxidation by soils of an N limited and N fertilized spruce forest in the black forest [J]. Soil Biology and Biochemistry, 33 (2): 145-153.

Stevenson B A, Kelly E F, Mcdonald E V. 2005. The stable carbon isotope composition of soil organic carbon and pedogenic carbonates along bioclimatic gradient in the Palouse region, Washington State, U [J]. Geoderma, 124: 37-47.

Stone R. 2008. Ecosystems: Have desert researchers discovered a hidden loop in the carbon cycle? [J]. Science, 320 (5882): 1409-1410.

Sugden A M. 2000. Ecology: Diversity and ecosystem resilience [J]. Science, 290 (5490): 233-235.

Tian N, Wang Y X, Weng B Q. 2010. Advances in estimating soil carbon storage [J]. Subtropical Agriculture Research, 6 (3): 193-198.

Tsubota J, Eshinimaey B T, Khmelenina V N, et al. 2005. Methylothermus thermalis gen nov, sp nov, a novel moderately thermophilic obligate methanotroph from a hot spring in Japan [J]. International Journal of Systematic and Evolutionary Microbiology, 55: 1877-1884.

Tsypin M. 2011. Dissolved inorganic carbon in soil and shallow groundwater, Konza Prairie LTER Site, NE Kanas, USA [D]. Kansas: University of Kansas.

Vega-Jarquin C M, Garcia-Mendoza N, Jablonowski M, et al. 2003. Rapid immobilization of applied nitrogen in saline-alkaline soils [J]. Plant and Soil, 256: 379-388.

Wagner D, Pfeiffer E M, Bock E. 1999. Methane production in aerated marshland and model soils: Effects of microflora and soil texture [J]. Soil Biology and Biochemistry, 31: 999-1006.

Walmsley D, Siemens J, Kindler R, et al. 2011. Dissolved carbon leaching from an Irish cropland soil is increased by reduced tillage and cover cropping [J]. Agriculture Ecosystems & Environment, 142 (3/4): 393-402.

Walter K D, Margaret K B, Courtney S C, et al. 1997. Biological properties of soil and subsurface sediments under abandoned pasture and cropland [J]. Soil Biol. Biochem, 28 (7): 837-846.

Wang Q J, Lu C Y, Lia H W, et al. 2014. The effects of no-tillage with subsoiling on soil properties and maize yield: 12-Year experiment on alkaline soils of Northeast China [J]. Soil and Tillage Research, 137: 43-49.

Wang X T, Jiang Z X, Li Y, et al. 2019. Inorganic carbon sequestration and its mechanism of coastal saline-alkali wetlands in Jiaozhou Bay, China [J]. Geoderma, 351.

Wang Y, Wang Z, Li Y. 2013. Storage/turnover rate of inorganic carbon and its dissolvable part in the profile of saline/alkaline soils [J]. PLOS One, 8 (11): e82029.

Whalen S C. 2000. Influence of N and non-N salts on atmospheric methane oxidation by upland boreal forest and tundra soils [J]. Biology and Fertility of Soils, 31 (3-4): 279-287.

Wohlfahrt G, Fenstermaker L F, Iii J A A. 2008. Large annual net ecosystem CO_2 uptake of a mojave desert ecosystem [J]. Global Change Biology, 14 (7): 1475-1487.

Wu H B, Guo Z T, Gao Q, et al. 2009. Distribution of soil inorganic carbon storage and its changes due to agricultural land use activity in China [J]. Agriculture, Ecosystems and Environment, 129 (4): 413-421.

Xie J X, Li Y, Zhai C X, et al. 2008. CO_2 absorption by alkaline soils and its implication to the global carbon cycle [J]. Environmental Geology, 56: 953-961.

Xie J, Li Y, Zhai C, et al. 2008. CO_2 absorption by alkaline soils and its implication to the global carbon cycle [J]. Environmental Geology, 56 (5): 953-961.

Xie J, Li Y, Zhai C, et al. 2009. CO_2 absorption by alkaline soils and its implication to the global carbon cycle [J]. Environmental Geology, 56 (5): 953-961.

Xie J X, Li Y, Zhai C X, et al. 2009. CO_2 absorption by alkaline soils and its implication to the global carbon cycle [J]. Environmental Geology, 56 (5): 953-961.

Xu N Z, Zhang T L, Wang X X, et al. 2009. Statistical calculation of soil inorganic carbon stock in the Yangtze delta region [J]. Resources and Environment in the Yangtze Basin, 18 (11): 1038-1044.

Xu X K, Inubushi K. 2007. Effects of nitrogen sources and glucose on the consumption of ethylene and methane by temperate volcanic forest surface soils [J]. Chinese Science Bulletin, 52 (23): 3281-3291.

Yang L F, Li G T, Zhao X R, et al. 2007. Profile distribution of soil organic and inorganic carbon in chestnut soils of Inner Mongolia [J]. Ecology and Environment, 16 (1): 158-162.

Yates E L, Detweiler A M, Iraci L T, et al. 2013. Assessing the role of alkaline soils on the carbon cycle at a playa site [J]. Environmental Earth Sciences, 70 (3): 1047-1056.

Yu S, He Z L, Huang C Y. 2003. Advances in their search of soil microorganisms and their mediated processes under heavy metal stress [J]. Appl Ecol, 14: 618-622.

Zamanian K, Pustovoytov K, Kuzyakov Y. 2016. Cation exchange retards shell carbonate recrystallization: Consequences for dating and paleoenvironmental reconstructions [J]. Catena, 142: 134-138.

Zhang J F, Li Z J, Ning T Y, et al. 2011. Methane uptake in salt-affected soils shows low sensitivity to salt addition [J]. Soil Biology and Biochemistry, 43 (7): 1434-1439.

白曙光，焦燕，温慧洋，等. 2018. 不同含盐量土壤可溶性无机碳及盐基离子的剖面分布特征［J］. 地球环境学报，9（4）：348-355.

鲍士旦. 2000. 土壤农化分析［M］. 3版. 北京：中国农业出版社.

曹国栋，陈接华，王绍明，等. 2012. 不同盐生植被类型下土壤微生物特性研究［J］. 新疆农业科学，49（3）：523-530.

曹建华，袁道先，潘根兴，等. 2004. 不同植被下土壤碳转移对岩溶动力系统中碳循环的影响［J］. 地球与环境，32（1）：90-96.

陈法霖，张凯，郑华，等. 2011. PCR-DGGE技术解析针叶和阔叶凋落物混合分解对土壤微生物群落结构的影响［J］. 应用于生物学报，17（2）：145-150.

陈中云，闽航，吴伟祥，等. 2001. 土壤中甲烷氧化菌种群数量及其与甲烷氧化活性的关系［J］. 浙江大学学报（农业与生命科学版），27（5）：146-155.

崔丽峰，刘丛强，涂成龙，等. 2013. 黄土地区不同覆被下土壤无机碳分布及同位素组成特征［J］. 生态学杂志，32（5）：1187-1194.

邓彩云，王玉刚，牛子儒，等. 2017. 开垦年限对干旱区土壤理化性质及剖面无机碳的影响［J］. 水土保持学报，31（1）：254-259.

邓丽娟. 2011. 土壤浸提液电导率与盐分关系的通径分析［J］. 地下水，33：20-21.

邓永翠，崔骁男. 2013. 青藏高原湿地好氧甲烷氧化菌的群落多样性及活性研究［D］. 北京：中国科学院：130.

丁维新，蔡祖聪. 2002. 沼泽 CH_4 排放及其主要影响因素［J］. 地理科学，22（5）：619-625.

杜军，杨培岭，李云开，等. 2010. 河套灌区年内地下水埋深与矿化度的时空变化［J］. 农业工程学报，26（7）：26-31.

段学军，黄春晓. 2008. 重金属镉对水田土壤微生物基因多样性的影响［J］. 应用与环境生物学报，14（4）：510-513.

法科宇，雷光春，张宇清，等. 2018. 荒漠地区大气-土壤的碳交换过程［J］. 地球科学进展，33（5）：464-472.

方精云，郭兆迪. 2007. 寻找失去的陆地碳汇［J］. 自然杂志，29（1）：1-6.

方精云，朴世龙，赵淑清. 2001. CO_2 失汇与北半球中高纬度陆地生态系统的碳失汇［J］. 植物生态学报，25（5）：594-602.

方精云，朱江玲，王少鹏，等. 2011. 全球变暖、碳排放及不确定性［J］. 中国科学：D辑，41（10）：1385-1395.

冯力. 2004. 回归分析方法原理及SPSS实际操作［M］. 北京：中国金融出版社.

高德才，张蕾，刘强，等. 2015. 生物黑炭对旱地土壤 CO_2、CH_4、N_2O 排放及其环境效益的影响［J］. 生态学报，35（11）：3615-3624.

贡璐，朱美玲，刘曾媛，等. 2016. 塔里木盆地南缘典型绿洲土壤有机碳、无机碳与环境因子的相关性［J］. 环境科学，37（4）：1516-1522.

郭全恩. 2010. 土壤盐分离子迁移及其分异规律对环境因素的响应机制［D］. 咸阳：西北农林科技大学.

郭洋，李香兰，王秀君，等. 2016. 干旱半干旱区农田土壤碳垂直剖面分布特征研究［J］. 土壤学报，53（6）：1433-1443.

郝芳华，欧阳威，岳勇，等. 2008. 内蒙古农业灌区水循环特征及对土壤水运移影响的分析［J］. 环境科学学报，28（5）：825-831.

侯玉明，王刚，王二英，等. 2011. 河套灌区盐碱土成因、类型及有效的治理改良措施［J］. 现代农业，(1)：92-93.

黄昌勇. 2000. 土壤学［M］. 北京：中国农业出版社，50-55.

解怀亮，王玉刚，李彦. 2015. 干旱区灌溉过程中碳淋溶试验研究［J］. 干旱区研究，32（5）：903-909.

康贻军，胡建，董必慧. 2007. 滩涂盐碱土壤微生物生态特征的研究［J］. 农业环境科学学报，26（S1）：181-183.

孔范龙，郗敏，吴健敏，等. 2017. 土壤无机 CO_2 通量（Rio）研究进展［J］. 生态科学，36（3）：186-192.

李彬，史海滨，张建国，等. 2014. 节水改造前后内蒙古河套灌区地下水水化学特征［J］. 农业工程学报，30（21）：99-110.

李彬，王志春，孙志高，等. 2005. 中国盐碱地资源与可持续利用研究［J］. 干旱地区农业研究，23（2）：154-158.

李丹，王秋玉. 2011. 变性梯度凝胶电泳及其在土壤微生物生态学中的应用［J］. 中国农学通报，27（3）：6-9.

李德文，唐中华，刘英，等. 2015. 黑龙江省盐碱地土壤无机碳分布特征［J］. 安徽农业科学，43（15）：85-87，89.

李凤霞，郭永忠，许兴，等. 2011. 盐碱地土壤微生物生态特征研究进展［J］. 安徽农业科学，39（23）：14065-14067，14174.

李玲，仇少君，檀菲菲，等. 2013. 盐分和底物对黄河三角洲区土壤有机碳分解与转化的影响［J］. 生态学报，33（21）：6844-6852.

李新，焦燕，代钢，等. 2016. 内蒙古河套灌区不同盐碱程度的土壤细菌群落多样性［J］. 中国环境科学，36（1）：249-260.

李新，焦燕，杨铭德. 2014. 用磷脂脂肪酸（PLFA）谱图技术分析内蒙古河套灌区不同盐碱程度土壤微生物群落多样性［J］. 生态科学，33（3）：488-494.

李彦，王玉刚，唐立松. 2016. 重新被“激活”的土壤无机碳研究［J］. 土壤学报，53（4）：845-849.

蔺娟，艾尼瓦尔·买买提，地里拜尔·苏力坦. 2007. 新疆盐渍化区土壤盐分离子的空间变异特征［J］. 水土保持研究，14（6）：189-192.

刘秉旺，张茂盛，陈龙生，等．2012．内蒙古河套灌区土壤盐渍化成因研究［J］．西部资源，(3)：172-173.

刘丽娟，王玉刚，李小玉．2013．干旱区绿洲土壤可溶性无机碳的空间分布特征［J］．生态学杂志，32（10)：2539-2544.

刘沙滨，阿荣其其格，王琳．2001．内蒙古土地盐渍化典型区域动态监测研究［J］．中国环境监测，17（4)：24-27.

刘淑丽，林丽，郭小伟，等．2014．青海省高寒草地土壤无机碳储量空间分异特征［J］．生态学报，34（20)：5953-5961.

刘文波．2015．河套平原地下水化学特征研究［D］．北京：中国地质大学（北京）．

刘鑫，魏占民，王长生，等．2011．基于 ArcGIS 的河套灌区土壤盐碱化空间分析［J］．人民黄河，33（12)：88-91.

刘运通，万运帆，林而达，等．2008．施肥与灌溉对春玉米土壤 N_2O 排放通量的影响［J］．农业环境科学学报，27（3)：997-1002.

刘再华，Wolfgang Dreybrodt，王海静．2007．一种由全球水循环产生的可能重要的 CO_2 汇［J］．科学通报，2（20)：2418-2422.

刘再华，王海静．2007．一种由全球水循环产生的可能重要的 CO_2 汇［J］．科学通报，52（20)：2418-2422.

刘再华．2001．碳酸酐酶对碳酸盐溶解的催化作用及其在大气 CO_2 沉降中的意义［J］．地球学报，22（3)：432-432.

陆晴，王玉刚，李彦，等．2013．干旱区不同土壤和作物灌溉量的无机碳淋溶特征实验研究［J］．干旱区地理，36（3)：450-456.

雒琼，王玉刚，邓彩云，等．2017．干旱区土壤剖面无机碳分布及其与盐碱性的关系［J］．水土保持学报，31（5)：240-246.

马杰，于丹丹，郑新军．2013．盐生荒漠土壤 CO_2 通量及其环境影响因素［J］．生态学杂志，32（10)：2532-2538.

马悦欣，Holmstrom C，Webb J，等．2003．变性梯度凝胶电泳（DGGE）在微生物生态学中的应用［J］．生态学报，23（8)：1561-1569.

马占臣．2014．不同种植年限覆膜滴灌盐碱地土壤盐分离子分布特征［J］．农业与技术，(1)：4-5.

闵航，陈中云，吴伟祥，等．2002．碳、氮物质对水稻田土壤 CH_4 氧化活性影响的研究［J］．环境科学学报，22（1)：70-75.

牛世全，景彩虹，廖世齐，等．2013．河西走廊盐碱土细菌种群结构多样性的研究［J］．西北师范大学学报，49（2)：90-95.

牛子儒，王玉刚，邓彩云，等．2016．耕作对干旱区表层土壤无机碳的影响［J］．生态学杂志，35（10)：2714-2721.

潘根兴，曹建华，周运超. 2000. 土壤碳及其在地球表层系统碳循环中的意义［J］. 第四纪研究，(4)：325-334.

潘根兴，程琨，陆海飞，等. 2015. 可持续土壤管理：土壤学服务社会发展的挑战［J］. 中国农业科学，48 (23)：4607-4620.

潘根兴，何师意，曹建华，等. 2001. 桂林丫吉村表层带岩溶土壤系统中占 $\delta^{13}C$ 值的变异［J］. 科学通报，46 (22)：1919-1922.

潘根兴，赵其国，蔡祖聪. 2005. 京都议定书生效后我国耕地土壤碳循环研究若干问题［J］. 中国基础科学·科学前沿，12-18.

潘根兴. 1999. 中国干旱性地区土壤发生性碳酸盐及其在陆地系统碳转移上的意义［J］. 南京农业大学学报，22 (1)：51-57.

潘根兴. 1999. 中国干旱性地区土壤发生性碳酸盐及其在陆地系统碳转移上的意义［J］. 南京农业大学学报，(1)：54-60.

潘雪莲，黄晟，方昊，等. 2009. 黄土高原土壤中细菌群落结构多样性的 PCR-DGGE 分析［J］. 生态与农村环境学报，25 (3)：39-43，48.

齐玉春，董云社，杨小红，等. 2005. 放牧对温带典型草原含碳温室气体 CO_2、CH_4 通量特征的影响［J］. 资源科学，17 (2)：104-109.

Sen H S，单光宗. 1990. 淹育盐化土的氮素挥发损失［J］. 土壤学进展，18 (5)：43-46.

邵明安，王全九，黄明斌. 2006. 土壤物理学［M］. 北京：高等教育出版社，37-38.

石伟. 2011. 极端盐碱土壤细菌的分离筛选及抗盐特性研究［D］. 哈尔滨：东北林业大学.

宋超，王攀，韩贵琳. 2017. 黄土塬区浅层地下水化学特征及其碳循环意义［J］. 南水北调与水利科技，15 (5)：121-126.

宋泽峰，段亚敏，栾文楼，等. 2014. 河北平原表层土壤有机碳和无机碳的分布及碳储量估算［J］. 干旱区资源与环境，28 (5)：97-102.

孙佳杰，尹建道，谢玉红，等. 2010. 天津滨海盐碱土土壤微生物生态特征研究［J］. 南京林大学学报（自然科学版），34 (3)：57-61.

仝川，佘晨兴. 2011. 自然湿地土壤产甲烷菌和甲烷氧化菌多样性的分子检测［J］. 生态学报，31：4126-4135.

汪敬忠，吴敬禄，曾海鳌，等. 2013. 内蒙古河套平原水体同位素及水化学特征［J］. 地球科学与环境学报，35 (4)：104-112.

王境坤. 2015. 天津市西青区土壤含盐量与电导率关系分析［J］. 吉林水利，(9)：28-32.

王龙昌，玉井理，永田雅辉，等. 1998. 水分和盐分对土壤微生物活性的影响［J］. 垦殖与稻作，(3)：40-42.

王娜，许文强，徐华君，等. 2017. 准噶尔盆地南缘荒漠区土壤碳分布及其稳定同位素变化 [J]. 应用生态学报，28 (7)：2215-2221.

王效科，白艳莹，欧阳志云. 2002. 全球碳循环中的失汇及其形成原因 [J]. 生态学报，22 (1)：94-103.

王银山，张燕，谢辉，等. 2009. 艾比湖湿地不同盐碱环境土壤微生物群落特征分析 [J]. 干旱区资源与环境，23 (5)：133-137.

王玉刚，王忠媛，李彦. 2013. 干旱区盐碱土剖面无机碳组分分布特征 [J]. 干旱区地理，36 (4)：631-636.

王长科，吕宪国，蔡祖聪，等. 2006. 土地利用方式对白浆土氧化甲烷的影响 [J]. 地理研究，25 (2)：335-341.

王忠媛，谢江波，王玉刚，等. 2013. 盐碱土土壤无机 CO_2 通量与土壤盐碱属性的关系 [J]. 生态学杂志，32 (10)：2552-2558.

王遵亲，祝寿泉，俞仁培. 1993. 中国盐碱土 [M]. 北京：科学出版社.

魏俊梅，阿腾格，翟志忠. 2001. 巴盟河套灌区盐碱地的综合治理 [J]. 内蒙古林业科技，1：32-35.

温慧洋，焦燕，杨铭德，等. 2016. 不同盐碱程度土壤氧化亚氮（N_2O）排放途径的研究 [J]. 农业环境科学学报，35 (10)：2026-2033.

谢高地. 2010. 全球气候变化与碳排放空间 [J]. 领导文萃，(8)：15-31.

徐华，蔡祖聪，八木一行. 2008. 水稻土甲烷产生潜力及其影响因素 [J]. 土壤学报，45 (1)：98-104.

徐文彬，刘维屏，刘广深. 2002. 温度对旱田土壤 N_2O 的影响研究 [J]. 土壤学报，39 (1)：1-8.

许科伟，邵明瑞，汤玉平，等. 2013. 三种油气指示菌定量 PCR 方法的建立及其在油气田土壤中的初步应用 [J]. 生物技术通报，4：172-178.

许媛媛，塔西甫拉提·特依拜，等. 2012. 不同季节渭干河-库车河典型三角洲绿洲土壤盐分离子空间变异特征研究 [J]. 安徽农业科学，40 (25)：12568-12571.

闫翠萍，张玉铭，胡春胜，等. 2016. 不同耕作措施下小麦-玉米轮作农田温室气体交换及其综合增温潜势 [J]. 中国生态农业学报，24 (6)：704-715.

严宁珍，程永义，杨剑虹，等. 2013. 岩溶山地土壤有机碳的分布特征及表层土壤有机碳的影响因素分析 [J]. 中国岩溶，32 (3)：292-298.

杨劲松. 2008. 中国盐渍土研究的发展历程与展望 [J]. 土壤学报，45 (5)：837-845.

杨黎芳，李贵桐，李保国. 2006. 土壤发生性碳酸盐碳稳定性同位素模型及其应用 [J]. 地球科学进展，(9)：973-981.

杨黎芳，李贵桐. 2011. 土壤无机碳研究进展 [J]. 土壤通报，42 (4)：986-990.

杨藜芳，李贵桐，李保国. 2006. 土壤发生性碳酸盐碳稳定同位素模型及其应用 [J]. 地球科学进展，21（9）：973- 981.

杨铭德，焦燕，李新，等．2015．基于实时荧光定量 PCR 技术对不同盐碱程度土壤甲烷氧化菌比活性的研究［J］．生态环境学报，24（5）：797-803.

杨芊葆，范分良，王万雄，等．2010．长期不同施肥对暗棕壤甲烷氧化菌群落特征与功能的影响［J］．环境科学，31（11）：2756-2762.

杨婷婷，胡春元，丁国栋，等．2005．内蒙古河套灌区盐碱土肉眼识别标志及造林技术［J］．内蒙古农业大学学报（自然科学版），26（3）：44-49.

杨文柱，焦燕，杨铭德，等．2019．内蒙古河套灌区不同盐碱程度土壤 CH_4 吸收规律［J］．环境科学，40（4）：1950-1956.

杨学明，张晓平，方华军．2003．农业土壤固碳对缓解全球变暖的意义［J］．地理科学，23（1）：101-106.

叶姜瑜，罗固源．2005．微生物可培养性低的生态学释因与对策［J］．微生物学报，45（3）：478-482.

尹建道，孙佳杰，郝志强，等．2010．天津滨海地区土壤含盐量与电导率的关系［J］．安徽农业科学，38（30）：16882-16883，16890.

于天仁，陈志诚．1990．土壤发生中的化学过程［M］．北京：科学出版社，336-365.

余健，房莉，卞正富，等．2014．土壤碳库构成研究进展［J］．生态学报，34（17）：4829-4838.

贠娟莉．2013．好氧甲烷氧化菌生态学研究进展［J］．生态学报，33：6774-6785.

岳勇，郝芳华，李鹏，等．2008．河套灌区陆面水循环模式研究［J］．灌溉排水学报，27（3）：69-71.

张海楼，安景文，刘慧颖，等．2012．玉米施用氮肥和有机物 N_2O 释放研究［J］．玉米科学，20（2）：134-137.

张杰，余潮，王自海，等．2013．不同植被群落表层土壤中细菌群落多样性［J］．环境科学研究，26（8）：866-872.

张林，孙向阳，高程达，等．2011．荒漠草原土壤次生碳酸盐形成和周转过程中固存 CO_2 的研究［J］．土壤学报，48（3）：578-586.

张社奇，王国栋，田鹏，等．2004．黄土高原刺槐林地土壤微生物的分布特征［J］．水土保持学报，18（6）：128-131.

张薇，魏海雷，高洪文，等．2005．土壤微生物多样性及其环境影响因子研究进展［J］．生态学杂志，24（1）：48-52.

张晓华，高云，祁悦，等．2014．IPCC 第五次评估报告第一工作组主要结论对《联合国气候变化框架公约》进程的影响分析［J］．气候变化研究进展，10（1）：14-19.

张雁平，胡春元，董智，等．2008．河套灌区盐碱地造林树种选择的研究［J］．内蒙古林业科技，34（2）：25-27.

张玉铭，胡春胜，张佳宝，等. 2011. 农田土壤主要温室气体（CO_2、CH_4、N_2O）的源/汇强度及其温室效应研究进展［J］. 中国生态农业学报，19：966-975.

章振亚，丁陈利，肖明. 2012. 崇明东滩湿地不同潮汐带入侵植物互花米草根际细菌的多样性［J］. 生态学报，32（21）：6636-6646.

赵长盛，胡承孝，陈庆锋，等. 2011. 土柱系统研究进展［J］. 湖北农业科学，50（5）：24-28.

郑贺云，黎志坤，李超，等. 2012. 新疆阿克苏地区盐碱地细菌类群多样性及优势菌群分析［J］. 微生物学通报，39（7）：1031-1043.

郑聚锋，张平究，潘根兴，等. 2008. 长期不同施肥下水稻土甲烷氧化能力及甲烷氧化菌多样性的变化［J］. 生态学报，28（10）：4865-4872.

郑顺安，韩允垒，倪润祥，等. 2018. 盐渍化条件下污灌区土壤重金属的释放特征［J］. 环境科学学报，38（8）：3286-3293.

中国土壤学会农业化学专业委员会. 1983. 农业土壤化学常规分析方法［M］. 北京：科学出版社.

周德庆. 1993. 微生物学教程［M］. 北京：高等教育出版社，1：281-282.

周殷竹. 2014. 内蒙古河套盆地地下水碳同位素特征及生物地球化学意义［D］. 北京：中国地质大学（北京）.

邹超煜，白岗栓. 2015. 河套灌区土壤盐渍化成因及防治［J］. 人民黄河，37（9）：143-148.